岩波科学ライブラリー 159

生きもの

フジツボ

魅惑の足まねき

SCIENCE

倉谷うらら

岩波書店

はじめに

自分でもあきれるほど、フジツボに心を奪われている。

「好きな生き物は？」と聞かれたら、「フジツボです」と答える。相手が初対面なら、十中八九けげんな顔をされる。それも次第に慣れてしまって、最近は開き直り気味だ。

フジツボを「美しい、偉大だ」と形容すると、変わった嗜好の人のように思われるかもしれない。しかし、フジツボとある程度関わると、その魅力にとりつかれる。かのダーウィンがすっかり夢中になり、いつしか「愛しのフジツボ」と呼んでいたように。

この本では、そんなフジツボの基礎知識から、生活史、フジツボ学の歴史、ダーウィンとの密接な関係、医療への応用の可能性まで、「海岸で足をすりむいたら、後日、体内にフジツボがビッシリ生えていた……」という都市伝説の真偽や、ノーベル賞作家のフジツボ・ポエム、食文化に関わるエピソードなども交えながら、広く、わかりやすく紹介したい。

なお、私はフジツボのことを、愛着をこめてＦと呼んでいる（ローマ字表記のFUJITSUBOの頭文字）。本書でも、ところどころ私の勝手な呼び方であるＦと置き換えている。気まぐれをどうか許していただきたい。

フジツボ研究者にきいてみました

Q．フジツボを一言で表すと？

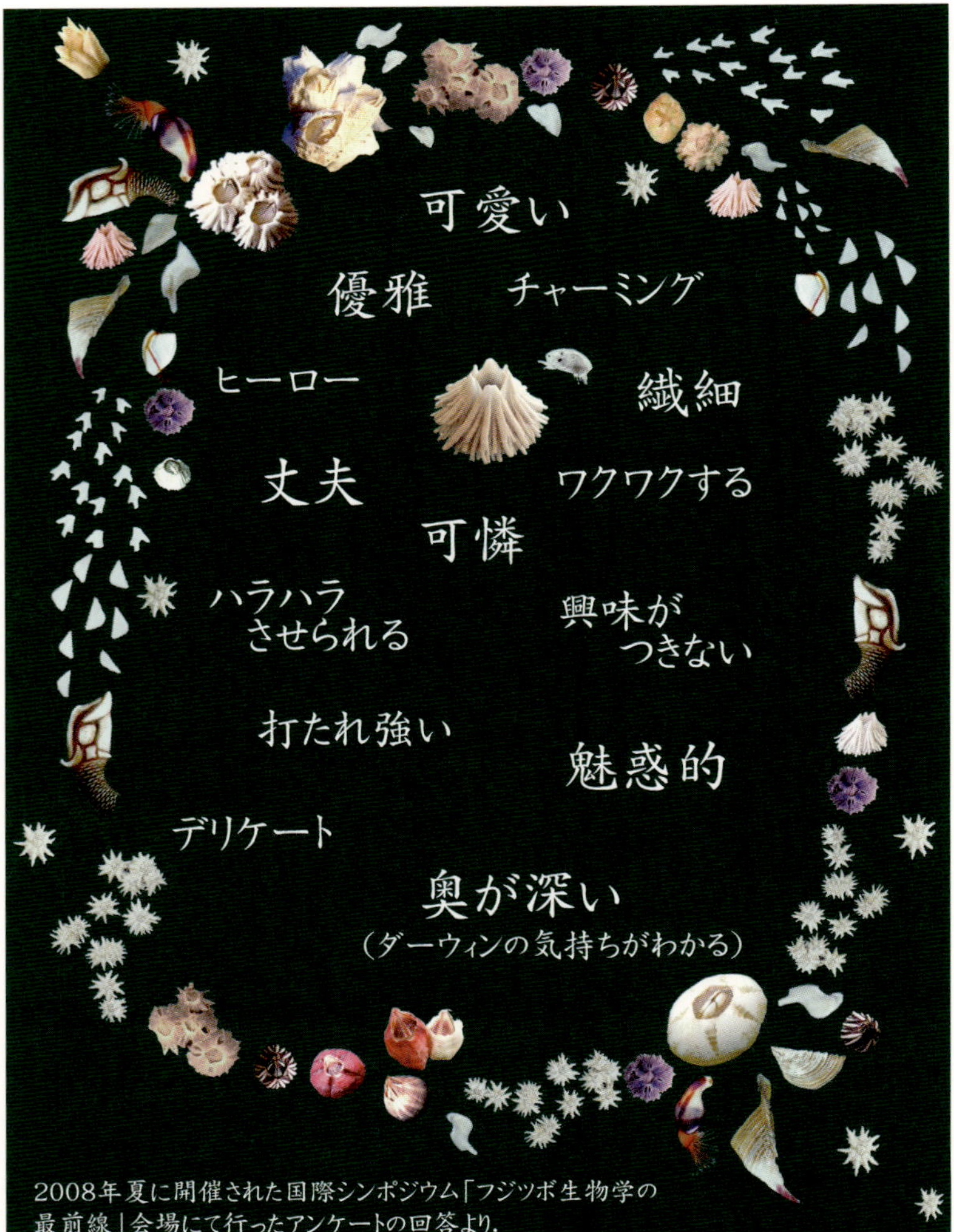

2008年夏に開催された国際シンポジウム「フジツボ生物学の最前線」会場にて行ったアンケートの回答より．

目次

フジツボ図鑑

日本に生息する一五四種のうち、見る機会のありそうな三一種を掲載。分類順ではなく、見た目が似ているもの、同じ環境にすむものをまとめた。

【データの見かた】

科　和名　学名
● 直径
● 生息する環境
● よく付着するもの
● 潮間帯でのゾーン
● 日本での分布
● 周殻の枚数

【その他の記号】

★ 識別に役立つポイント
―― 形の特徴
…… 色の特徴
× ○○フジツボと違う点
膜 殻底が膜質（印がないものは石灰質）
食 食用とされることがある種
外 外来種
ダ ダーウィンが記載した種

【用語】

潮間帯：満潮線と干潮線のあいだ
汽水域：海水と淡水が混じる場所

【潮間帯ゾーン区分】

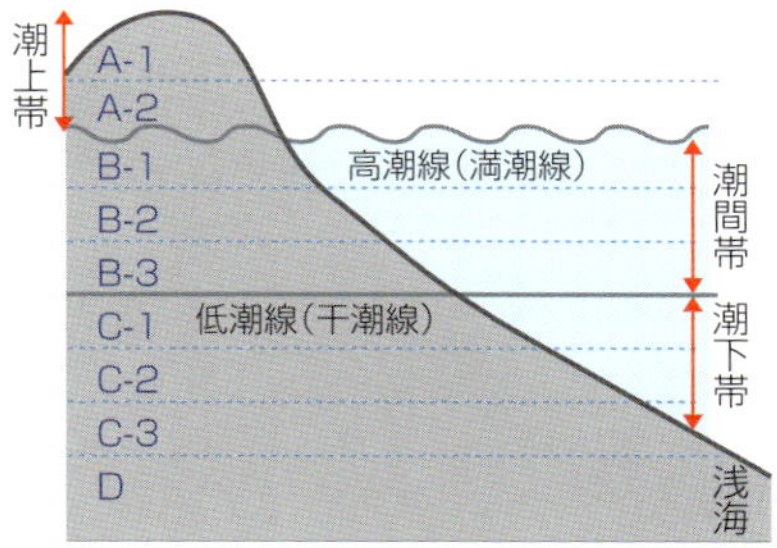

【各部の名称】

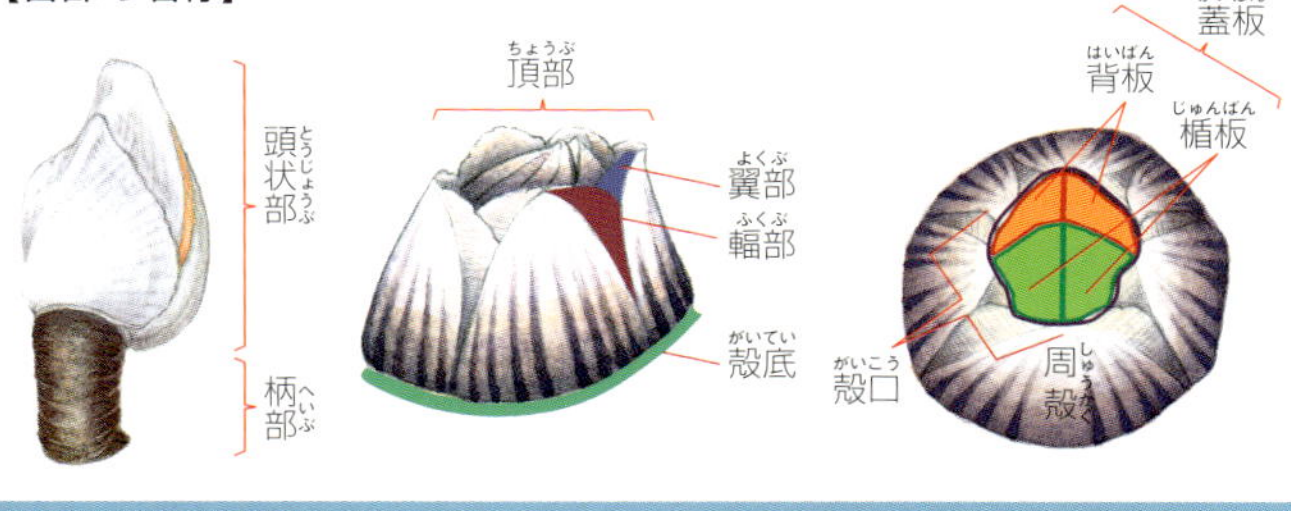

画：山本朋子

チシマフジツボ

フジツボ超科

Semibalanus cariosus

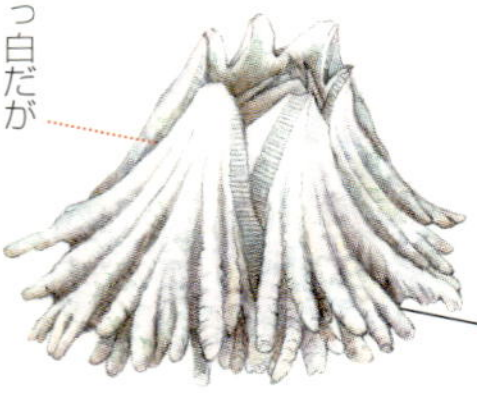

● 2〜3 cm
● 波が強めの場所，内湾，港
● 岩，護岸，貝，浮き
● B-2
● 太平洋側：銚子以北
日本海側：津軽海峡以北
● 6 膜

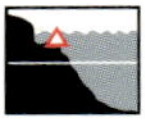

キタアメリカフジツボ

フジツボ科

Balanus glandula

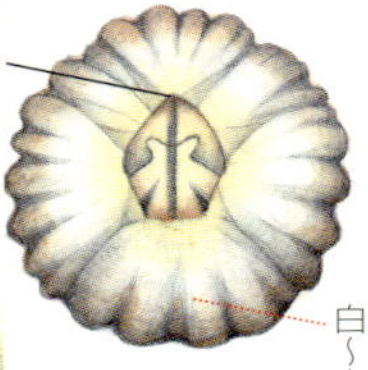

【殻口の拡大】

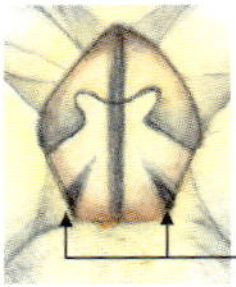

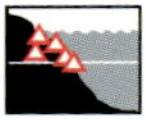

● 1〜2.5 cm
● 岩礁，内湾，外海
● 護岸，貝殻 ● 潮間帯全域
● 宮城から北海道広尾港にかけて太平洋側
● 6 外

シロスジフジツボ

フジツボ科（タテジマフジツボ類）

Amphibalanus albicostatus

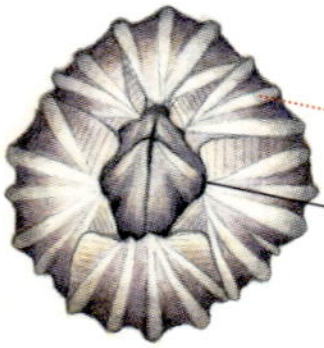

● 1〜2 cm ● 内湾，河口
● 石，杭，護岸，桟橋など
● B-2 ● 本州以南 ● 6

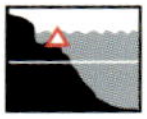

タテジマフジツボ

フジツボ科（タテジマフジツボ類）

Amphibalanus amphitrite

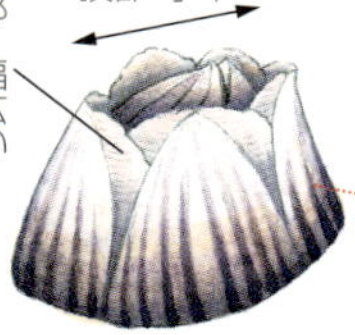

● 1〜1.5 cm
● 岩礁，内湾，港，ときに河口
● 護岸，岩場，橋など
● B-2 ● 北海道南西以南
● 6 外 タ

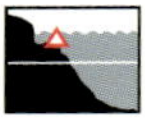

ウチムラサキイワフジツボ

イワフジツボ科
Nesochthamalus intertextus

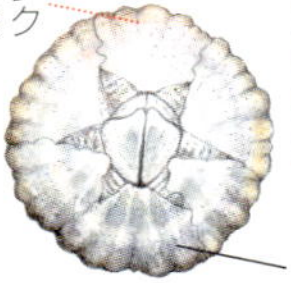
★殻表面ピンク
内側は濃い紫
平たい

- 1 cm 前後
- 外海
- 岩　B-1
- 琉球・トカラ列島以南
- 6
- 膜 ダ

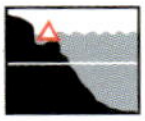

イワフジツボ

イワフジツボ科
Chthamalus challengeri

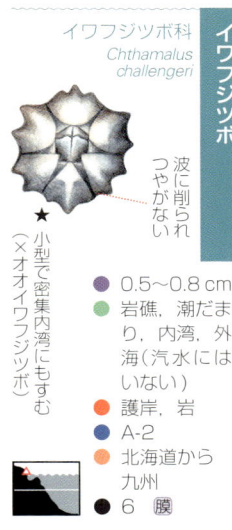

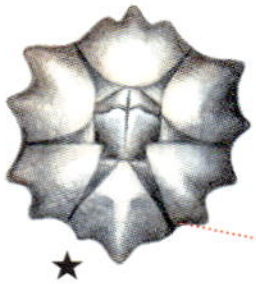
波に削られ
つやがない
★小型で密集内湾にもすむ

- 0.5~0.8 cm
- 岩礁，潮だまり，内湾，外海（汽水にはいない）
- 護岸，岩
- A-2
- 北海道から九州
- 6　膜

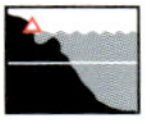

オオイワフジツボ

イワフジツボ科
Hexechamaesipho pilsbryi

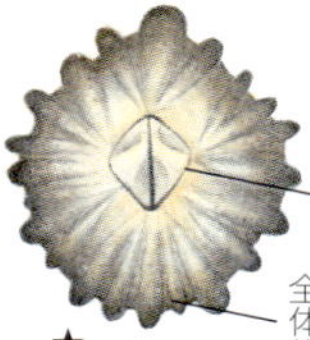
殻口　ひし形
全体的に平たい
★イワフジツボより
上位（最上部）にいる

- 1 ~ 1.5 cm
- 岩礁，外海（内湾にはいない）
- 岩　A-1
- 本州中部以南
- 6　膜

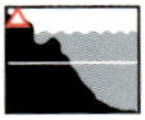

ヨツカドヒラフジツボ

クロフジツボ科
Tetraclitella darwini

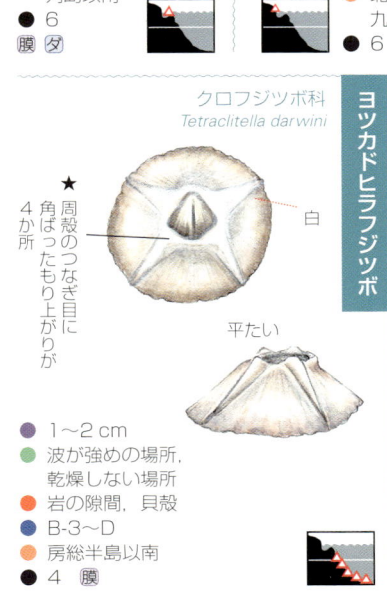

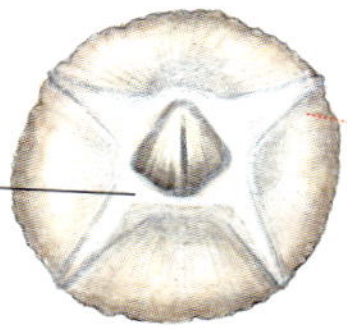
★周殻のつなぎ目に
角ばったもり上がりが
4か所
白

平たい

- 1~2 cm
- 波が強めの場所，乾燥しない場所
- 岩の隙間，貝殻
- B-3~D
- 房総半島以南
- 4　膜

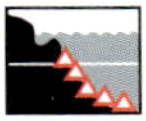

ムツアナヒラフジツボ

クロフジツボ科
Tetraclitella chinensis

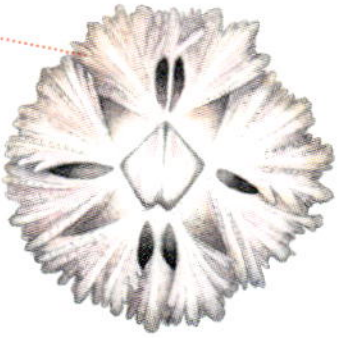
白灰色
★平たく，周殻に穴が6つ
（6以下の場合もある）

- 1~2 cm
- 波が強めの場所，乾燥しない場所
- 岩の隙間，海中の石の下，貝殻，浮き
- B-3~D
- 房総半島以南
- 4　膜

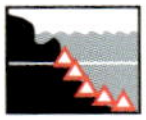

アメリカフジツボ

フジツボ科（タテジマフジツボ類）

Amphibalanus eburneus

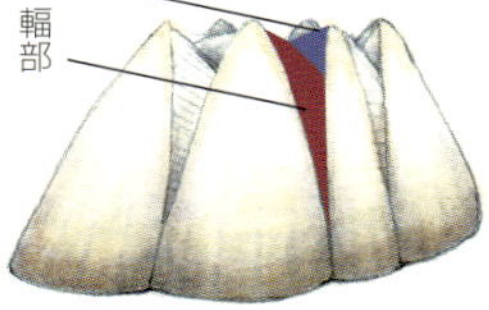

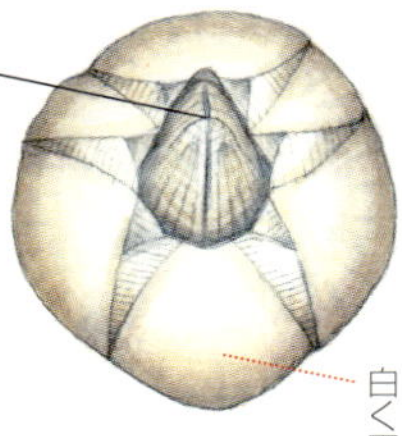

● 1.5〜3 cm
● 内湾，河口，汽水，浅海
● 岩，貝殻 ● B
● 北海道を除く日本各地 ● 6 外

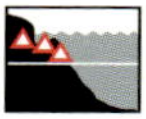

ヨーロッパフジツボ

フジツボ科（タテジマフジツボ類）

Amphibalanus improvisus

● 1〜2 cm ● 内湾，ときに汽水
● 護岸，岩，船底，貝殻
● B-2〜B-3
● 北海道を除く日本各地
● 6 外 ダ

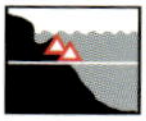

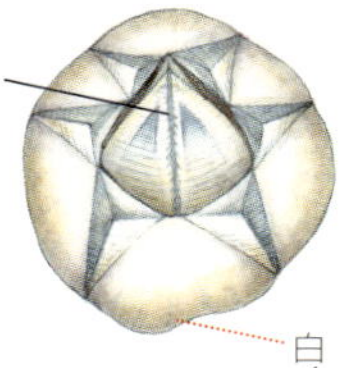

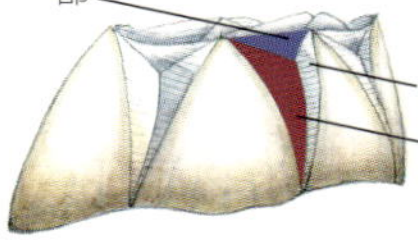

ハナフジツボ

フジツボ亜科

Balanus crenatus

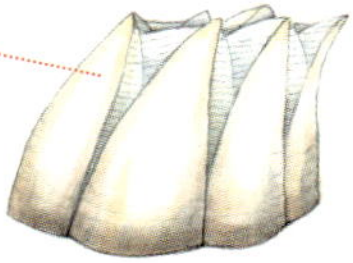

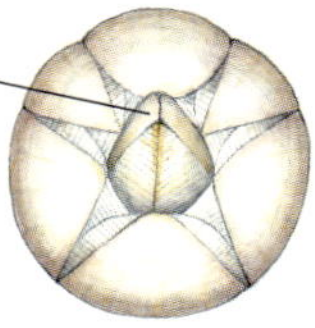

● 1〜2 cm ● 浅海
● 貝殻（ホタテなど），カニ ● C 以下
● 本州北部以北 ● 6

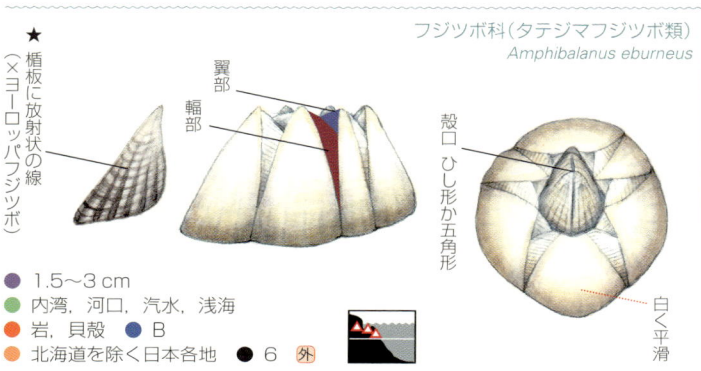

アミメフジツボ

フジツボ科（タテジマフジツボ類）
Amphibalanus variegatus

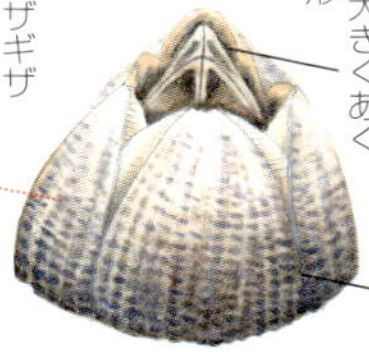

● 1〜1.5 cm ● 内湾，汽水
● 貝殻や岩，石，人工物 ● B〜C
● 有明海に多い，
九州から山口，東京湾
● 6 ダ

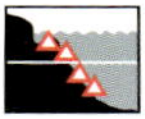

サラサフジツボ

フジツボ科（タテジマフジツボ類）
Amphibalanus reticulatus

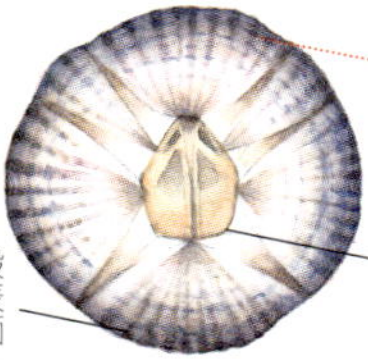

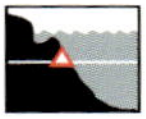

● 1.5〜2 cm ● 内湾
● 岩，貝殻 ● B-3
● 本州以南 ● 6

サンカクフジツボ

フジツボ科
Balanus trigonus

【殻口 拡大図】
★ 三角形，中に小さな
点が並んでいる

● 1.5 cm 前後
● 内湾，沿岸，深海
● 岩，護岸，船底，浮きなど様々な表面
● C 以下深海まで
● 本州以南暖流域，世界各地
● 6

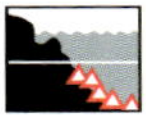

ドロフジツボ

フジツボ科（タテジマフジツボ類）
Amphibalanus kondakovi

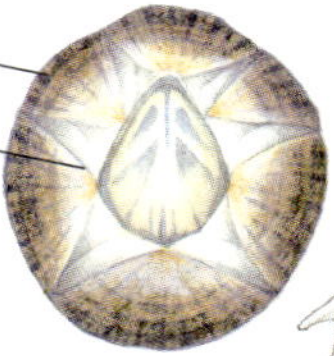

● 1.5〜2 cm
● 汽水域
（内湾，河口，干潟）
● 転石 ● C-1
● 東京湾以南 ● 6

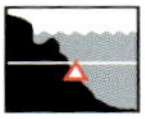

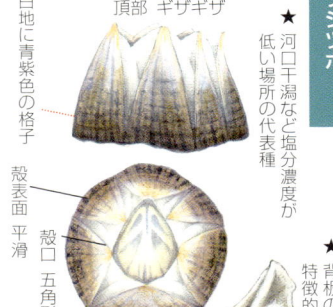

オオアカフジツボ

フジツボ科

Megabalanus volcano

★重なり合って付着
潮間帯下部の代表種

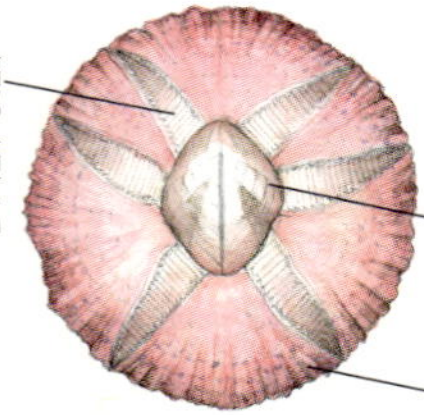

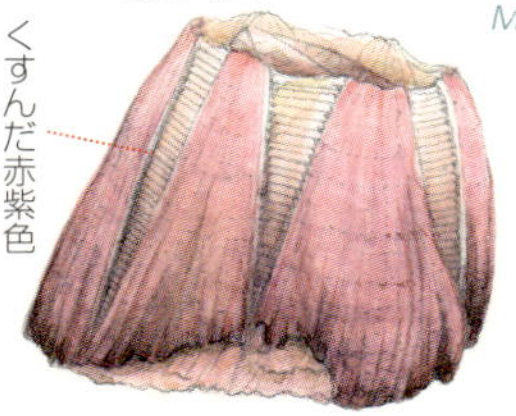

● 3〜5 cm ● 波が強めの場所，外海
● 港，漂流物，浮きなど ● C-1 付近
● 房総半島以南（日本海側は粟島以南），八重山まで ● 6

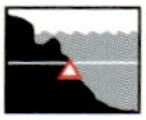

アカフジツボ

フジツボ科

Megabalanus rosa

★ときおり白色の個体がある（×ココポーマ）

● 2〜3 cm ● 外海
● 岩場，浮き，船底など人工物
● C 以下
● 津軽海峡から八重山諸島
● 6 食 塩ゆでなど

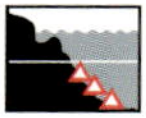

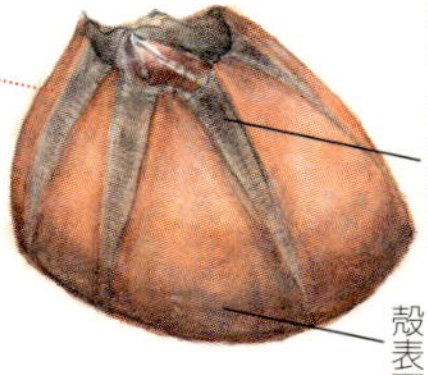

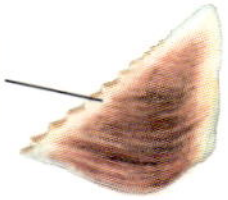

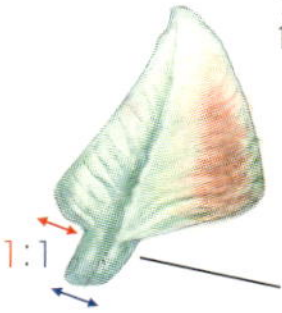

ココポーマアカフジツボ

フジツボ科

Megabalanus coccopoma

大型の外来アカフジツボ
分布はしだいに広まっている

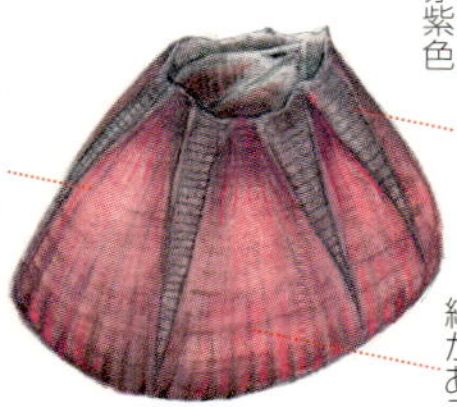

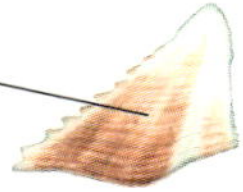

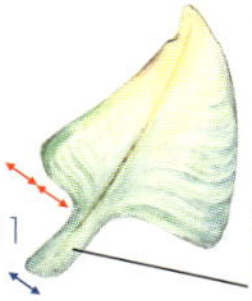

● 2〜4 cm ● 内湾，外湾
● 岩場，浮き，船底
● C以下〜水深約 20 m
● 太平洋側（千葉〜岡山）
● 6 外 ダ

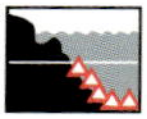

タイワンクロフジツボ

クロフジツボ亜科
Tetraclita formosana

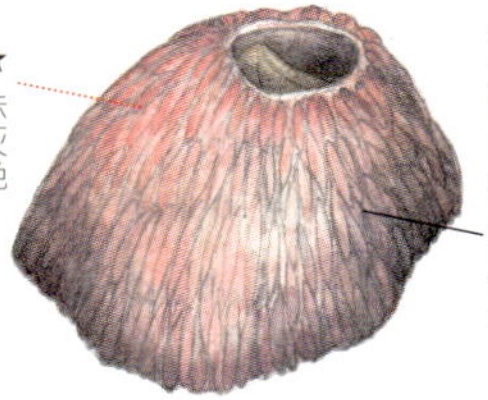

- 2〜4 cm　● 外海
- 岩場　● B-2
- 本州中部以南，
  琉球列島に多い
- 4（1 枚に見える）　膜

クロフジツボ

クロフジツボ亜科
Tetraclita japonica

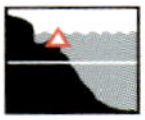

- 2〜4 cm
- 波が強めの場所，
  外海，湾の入り口
- 岩場　● B-2
- 津軽海峡以南
- 4（1 枚に見える）

膜 食 おみそ汁

裏からみたクロフジツボ類
段ボールのような
丈夫な多孔構造

ミナミクロフジツボ

クロフジツボ亜科
Tetraclita squamosa

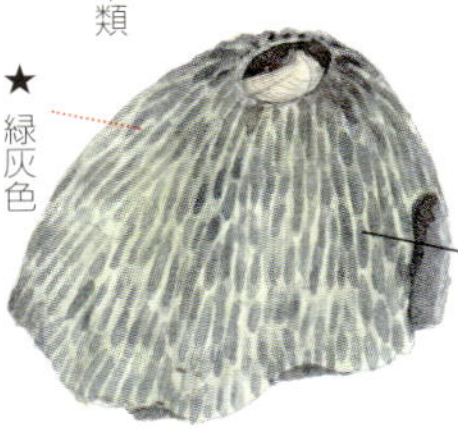

- 2〜4 cm　● 外海
- 岩場　● B-2
- 本州中部以南，
  琉球列島以南に多い
- 4（1 枚に見える）　膜

フジツボと間違われやすい生物
カサガイ

フジツボと同じ円錐形で，間違われやすい軟体動物（貝類）．頂部に穴のあいているカサガイもいるので，まぎらわしい．だが，フジツボには 4 枚セットの蓋板があるので，頂部を見れば簡単に見分けることができる．

ケハダカイメンフジツボ

フジツボ超科
Acasta dofleini

★殻板に柔軟性のある突起が多数
とがる
殻は薄い、主壁に小さな穴がたくさんあいている
殻底まるくとびでる

- 0.5 cm 前後
- 潮だまり，沖の海底
- 岩礁のイソカイメン，沖のザラカイメンの中に
- B-1～D
- 房総半島以南
- 6

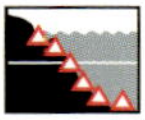

ケハダエボシ

ケハダエボシ科
Ibla cumingi

★柄はキチン質の長い毛でおおわれる

雌雄異体，ダーウィンが特に着目した種のひとつ

- 1 cm 程度
- 潮間帯（カメノテの柄部によく付く）
- 岩，カメノテ
- B
- 紀伊半島以南，暖流域
- くちばし状の４枚の板

ダ

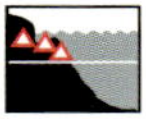

カメノテ

ミョウガガイ科
Capitulum mitella

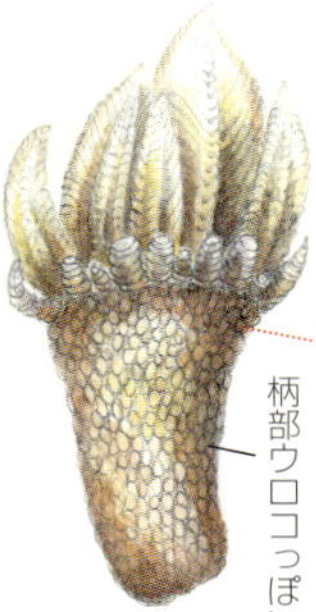
黄灰色

- 3～7 cm
- 潮間帯
- 岩礁の隙間
- B
- 北海道西南部以南
- 蓋板８ 小殻板 20 より多い

食 おみそ汁，塩ゆで

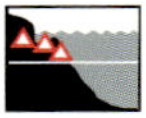

ミネフジツボ

フジツボ亜科
Balanus rostratus

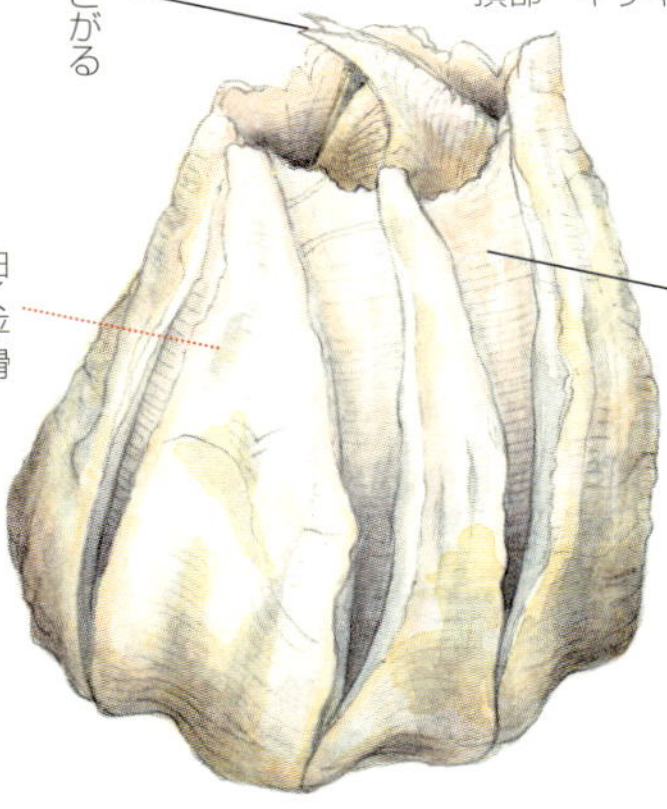
とがる
頂部　ギザギザ
★輻部　奥まっている
白く平滑つやなし

★日本在来種では最も大きくなる

- 3～10 cm
- 岩礁，海底
- 海底のかたいもの，浮き
- B～D
- 太平洋側：相模湾以北，瀬戸内 日本海側：対馬海峡，寒流域
- 6

食 塩ゆで，蒸す，焼くなど

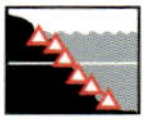

＊　このページのものは，漂着物として打ち上がる可能性がある

サラフジツボ

カメフジツボ科
Platylepas hexastylos

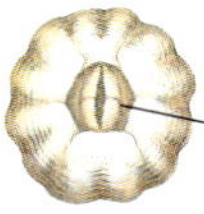

★カメフジツボよりも多い

- 1～1.5 cm
- 沖
- アカ・アオウミガメの体表
- 汎世界的，熱帯から温帯
- 6　膜

カルエボシ

エボシガイ科
Lepas anserifera

★

- 頭状部 1～3 cm
- 沖
- 軽石，流木，プラスチック，ガラスなど
- 太平洋全域
- 殻は5枚

エボシガイ

エボシガイ科
Lepas anatifera

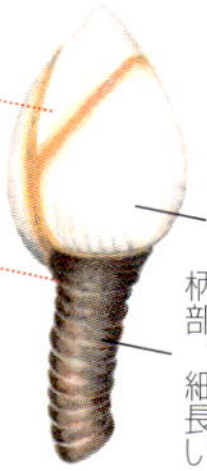

- 頭状部 2～4 cm
長さ 10 cm まで
- 沖
- 流木，プラスチック，ガラス
- 太平洋全域
- 殻は5枚

オニフジツボ

オニフジツボ科
Coronula diadima

- 4～5 cm　● 沖
- ザトウ・セミ・マッコウ・シロナガスクジラの体表
- 汎世界的，熱帯から温帯
- 6　膜

カメフジツボ

カメフジツボ科
Chelonibia testudinaria

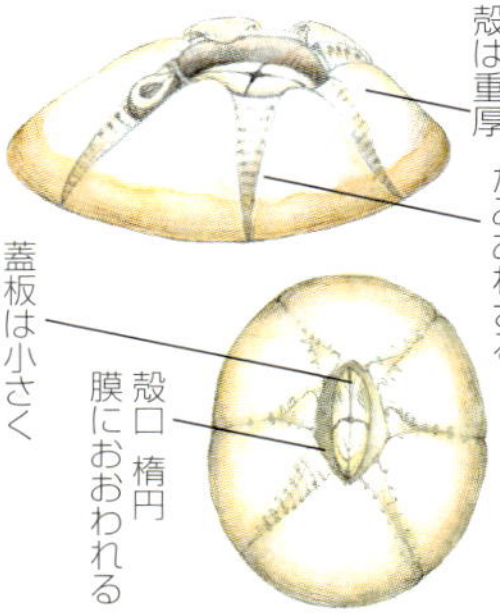

- 5 cm 前後　● 沖
- アカ・アオウミガメの体表
- 汎世界的，熱帯から温帯
- 6　膜

フジツボ写真集

波にのるF

① © Frank Hager 氏

② © Ben Lawson 氏

③ © Shigeo Hayashi 氏

④ © Shigeo Hayashi 氏

⑤ © Will Jones 氏

⑥ © Jennifer Waldmann 氏

① ウキエボシ（自ら浮きをつくり漂う）
② エボシガイ（漂流するガラス瓶）
③ アカフジツボ（葉の表面）
④ エボシガイ（ガラス浮き）
⑤ マルヒメエボシ（トグロコウイカの甲）
⑥ エボシガイ（流木）

フジツボ写真集

無柄目

① クロフジツボ類　② シロスジフジツボ　③ タロクフジツボ類
④ 深海ハナカゴ類　⑤ イワフジツボ類　⑥ イワフジツボ類

フジツボ写真集

有柄目

① サジエボシ類　② エボシガイ類　③ ハダカエボシ類
④ ムラサキハダカエボシ　⑤ ハナミョウガ類　⑥ ヨロイミョウガ類

1

エビ、カニ、フジツボ

頗《すこぶ》る　美麗である

弘 冨士夫

（日本動物分類　第九巻　有柄蔓脚類，1937）

エビの頭部に付着した無柄フジツボ類

ビッシリ　ベッタリ　きもち悪い
はりついている　やっかいな貝　岩の上のアレ

どれもこれも散々な表現。勉強会などで一般の人に「フジツボと聞いて真っ先に頭に浮かぶ言葉は何ですか?」と、聞いてみたときの回答。フジツボという生き物は、まったくもって誤解や決めつけに満ちあふれ、不当に毛嫌いされている生き物だ。

貝なのか?

誤解の最たるものは、まずもってその分類。実際、「何の仲間だと思いますか?」と質問すると、圧倒的に貝類というこたえが多い。じつはフジツボは甲殻類(エビ・カニの仲間)なのだが、そう伝えると数秒間沈黙ののち、いぶかしげな表情をされる。

フジツボは付着生物である。付着生物とは、分類群を問わず、動き回らずに水中の岩や人工物などにピタリとくっついて生息するタイプの生き物のことで、イガイ(通称ムール貝。足糸《そくし》と呼ばれる丈夫な糸で岩などにくっつく)、カキ(セメント質で付く)、サンゴ、ホヤ、ウミユリ、ヒドラ、コンブやワカメなども含まれる。その付着生物であるフジツボが、動き回るエビやカニの仲間、甲殻類であるとはにわかに信じ難いかもしれないが、フジツボ特有の石灰質の殻の内部では、ちゃんとエビのように脱皮をしながら成長するのだ。(この成長過程については第2章で紹介する。)

フジツボの仲間は、植物の蔓《つる》のような形をした脚を持つことから、蔓脚類(「まんきゃくるい」または「つるあしるい」)と呼ばれる。蔓状の脚には、フサフサした毛がついて

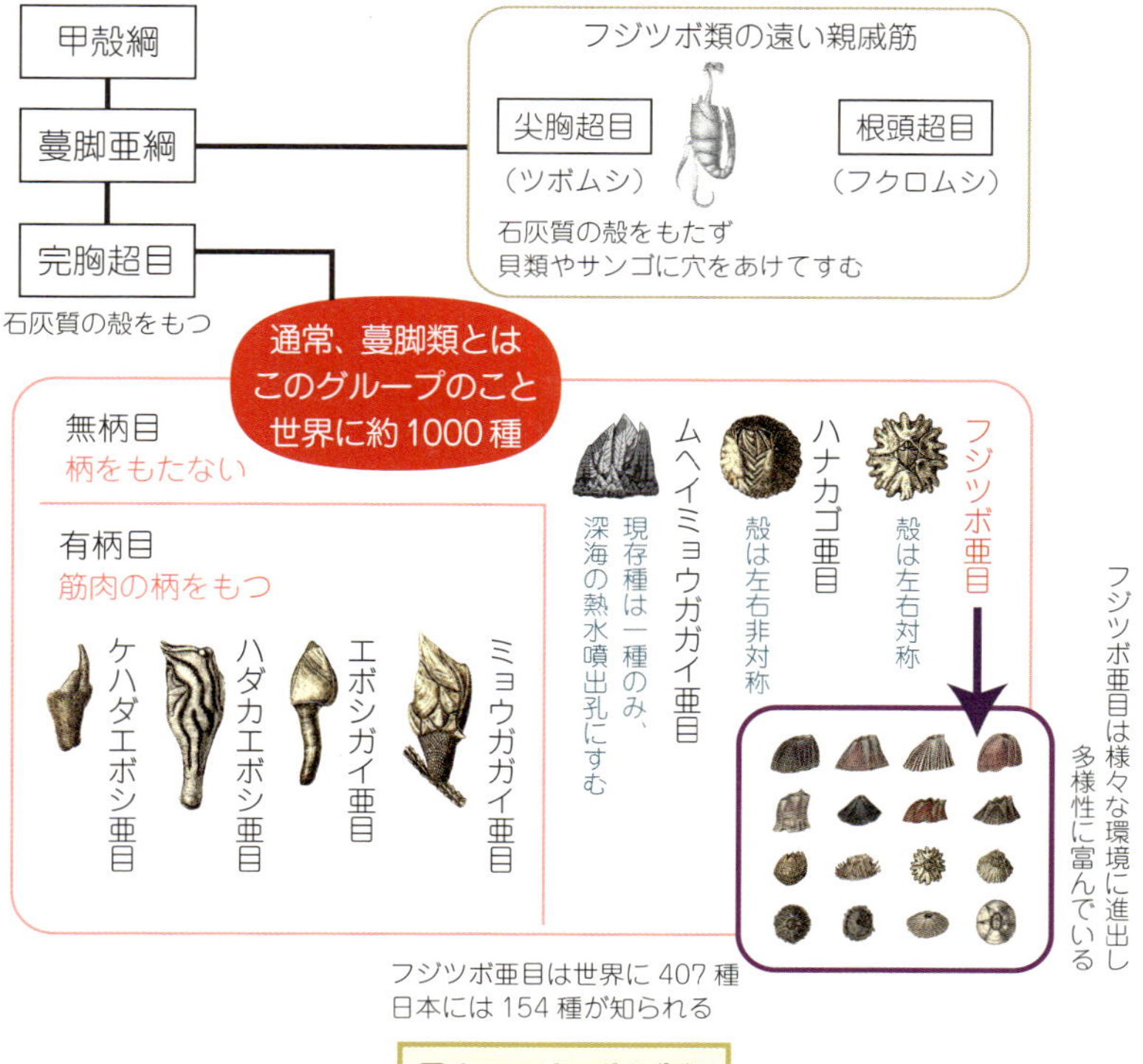

図1　フジツボの分類

おり、それを殻の隙間から「オイデオイデ」の動きで出し入れし、海水中のプランクトンを集めて食べる。開くときはパーッと扇のように広げ、また殻の中にシュッとひっこめる。なお、広い意味での蔓脚類の仲間には、外側に殻を持たず貝類などの殻に穴をあけて中にすむツボムシ(尖胸超目《せんきょうちょうもく》)や、カニに寄生するフクロムシ(根頭《こんとう》超目《ちょうもく》)もいるが、本書ではごく一般的なフジツボ(完胸《かんきょう》超目《ちょうもく》)に焦点をあてる(図1)。

あぁ、あなたは甲殻類——殻のつくり

フジツボの大きさは、数ミリから手のひらに乗せてはみ出るくらいまで。余談になるが、アメリカ先住民は直径一五センチ以上になる大型のフジツボの殻をコップがわりに使っていたと言い伝えられている(図2)。

すがた形はまちまちでも、いわゆるフジツボ(完胸超目)は大きく二つに分けられる。岩場の隙間にすむカメ

図2　フジツボの大きさ．左から，ケハダカイメンフジツボ，チシマフジツボ，ミナミクロフジツボ，カメフジツボ，アカフジツボ，北米の大型種 *Balanus nubilus*.

ノテや流木につくエボシガイは有柄目《ゆうへいもく》。筋肉の柄（柄部《へいぶ》）で何かに付着する。一般的な富士山型のフジツボはふもと全体で付着していて、無柄目《むへいもく》と呼ばれる。「柄」のような長い部分が「有る」ものが有柄、「無い」ものが無柄と、漢字の意味を考えるとわかりやすい。違うのは「柄の有無」で、中身（体の構造）は基本的にはどちらも同じつくりになっている（図3）。この二つのタイプは、後に続くダーウィンとの関わりやフジツボ類の進化でもキーワードとなるので、フジツボの仲間には「柄が有るものと無いもの」があるということを、ぜひここで覚えておいてほしい。

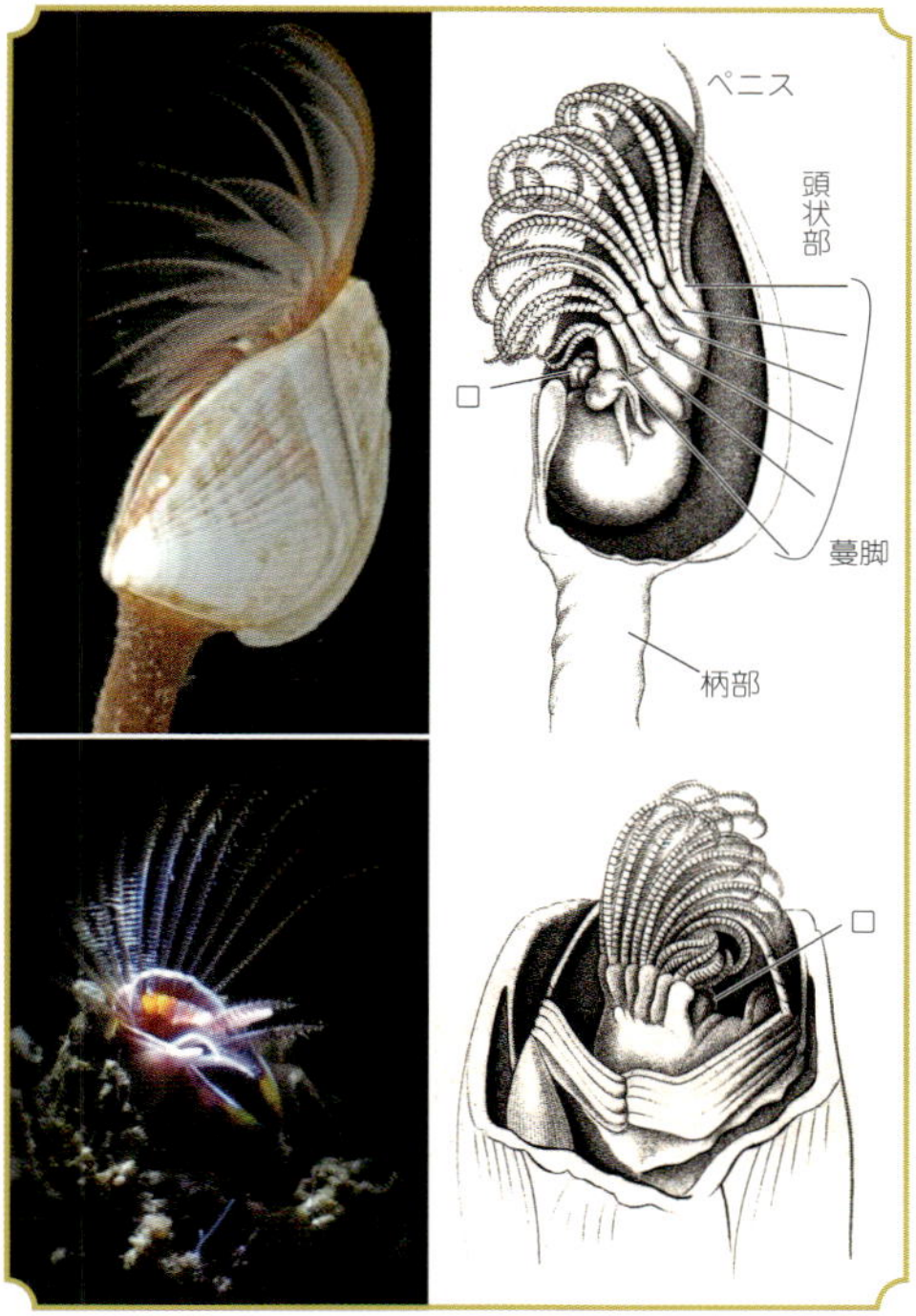

図3　有柄目（上）と無柄目（下）の体のつくり.（写真 © 有柄目：Dr. Benny K.K. Chan, 無柄目：Dr. Iván Hinojosa Toledo）

　殻の構造を富士山型のフジツボで解説すると、山頂からふもとまでグルッと囲むのは、まとめて周殻《しゅうかく》という。山頂の噴火口に蓋《ふた》の役目をする蓋板《がいばん》

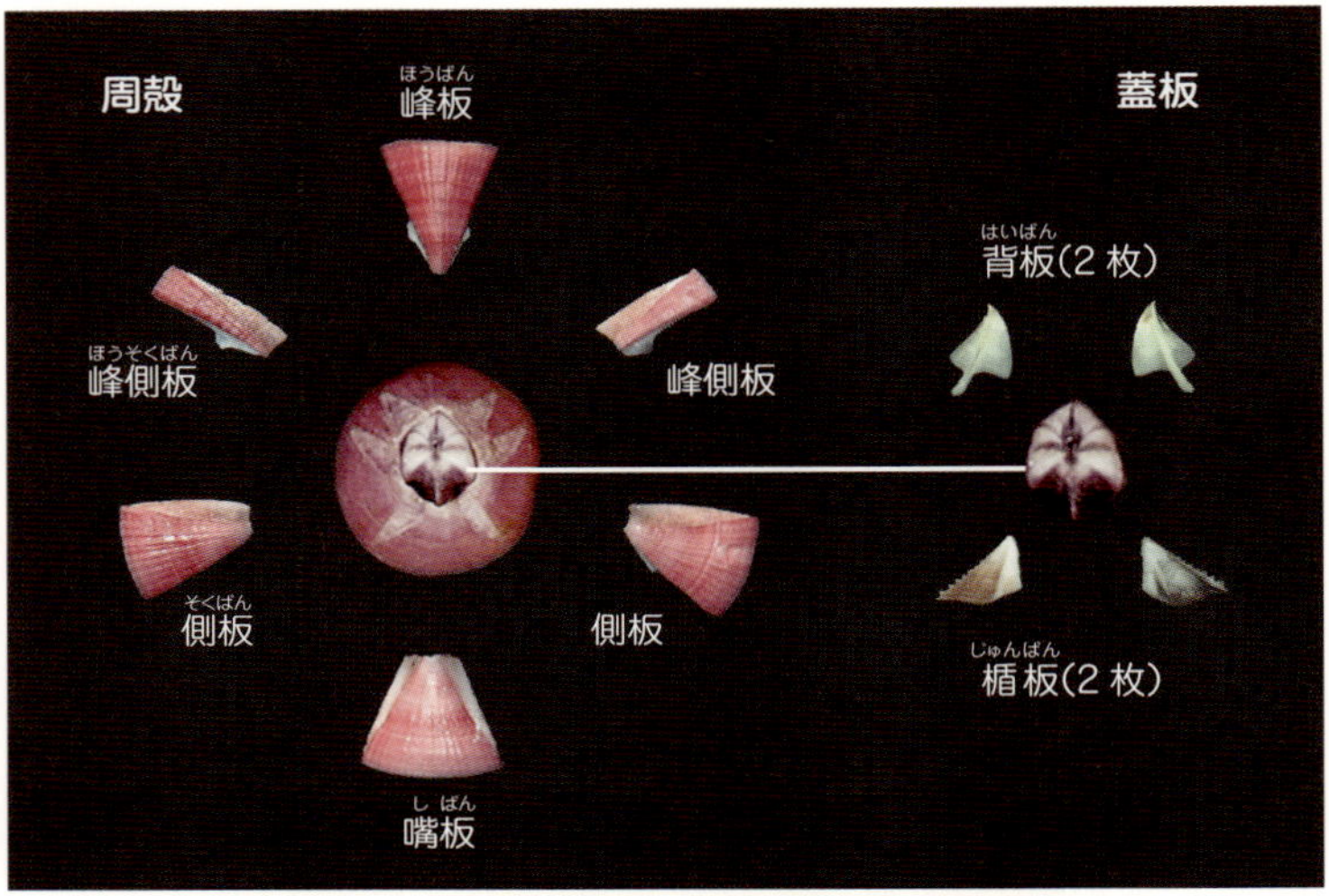

図 4　ココポーマアカフジツボの周殻を展開．周殻は種によって１～８枚と異なるが，圧倒的に６枚構成が多い．中央には４枚の蓋板がある．

という二枚セット、計四枚の蓋がある（図４）。水中にいるフジツボを見ていると、背板と楯板をくっつけた状態で、縦方向に開いた部分から蔓脚を出し入れして、餌をとる。ときにフジツボは四枚の蓋板を閉じたまま、蓋全体をモゾモゾと動かしていることがある。決して貝類のような「ねっとりした動き」ではない。私はフジツボが蓋板をモゾモゾと動かしている様子を見るたび、「あぁ、あなたはやっぱり甲殻類なのね」と実感する。

なお、フジツボをはがすと、付いていた場所に石灰質の白い痕が残るものと、痕が残らないもの（はがして裏から見ると殻底が透明な膜になっている）があり、これもフジツボを見分ける手がかりとなる。ただ、いったん付着面からとれると、貝と違ってくっつき直すことはなくやがて死んでしまう。むやみにはがさず、採るのは解剖や標本に必要な数にとどめたい。

フジツボの年輪

では、この外の硬い殻は、どのように成長するのだろう？　甲殻類だからといってヤドカリのように貝類の空いた殻を利用するのではなく、フジツボが自前の殻をつくっている。彼らは軟体動物の貝殻のように、海水中のカルシウムを利用して成長するのだ。

殻板の端の部分、特に下の部分（山でいえば、ふもとの部分）から少しずつ殻がつぎ足される。つまり、円すい形の下のほうが上の部分より新しくできた殻ということになる。殻底との間は筋でつながっており、それを少し引っ張って隙間をつくり、そこから殻を下方向につぎ足してゆく。潮間帯《ちょうかんたい》にいるフジツボは、海水に浸っている間にほんの少しだが「殻のつぎ足し」が行われるので、殻には潮が満ちた時に成長した線（一日に二回満潮があるので、通常一日二本）が刻まれている。しかし、残念ながら簡単に見ることができる太さの線ではない。

アンモナイトに乗る

フジツボの仲間がいつ地球上に現れたかというと、恐竜が現れるはるか前の古生代カンブ

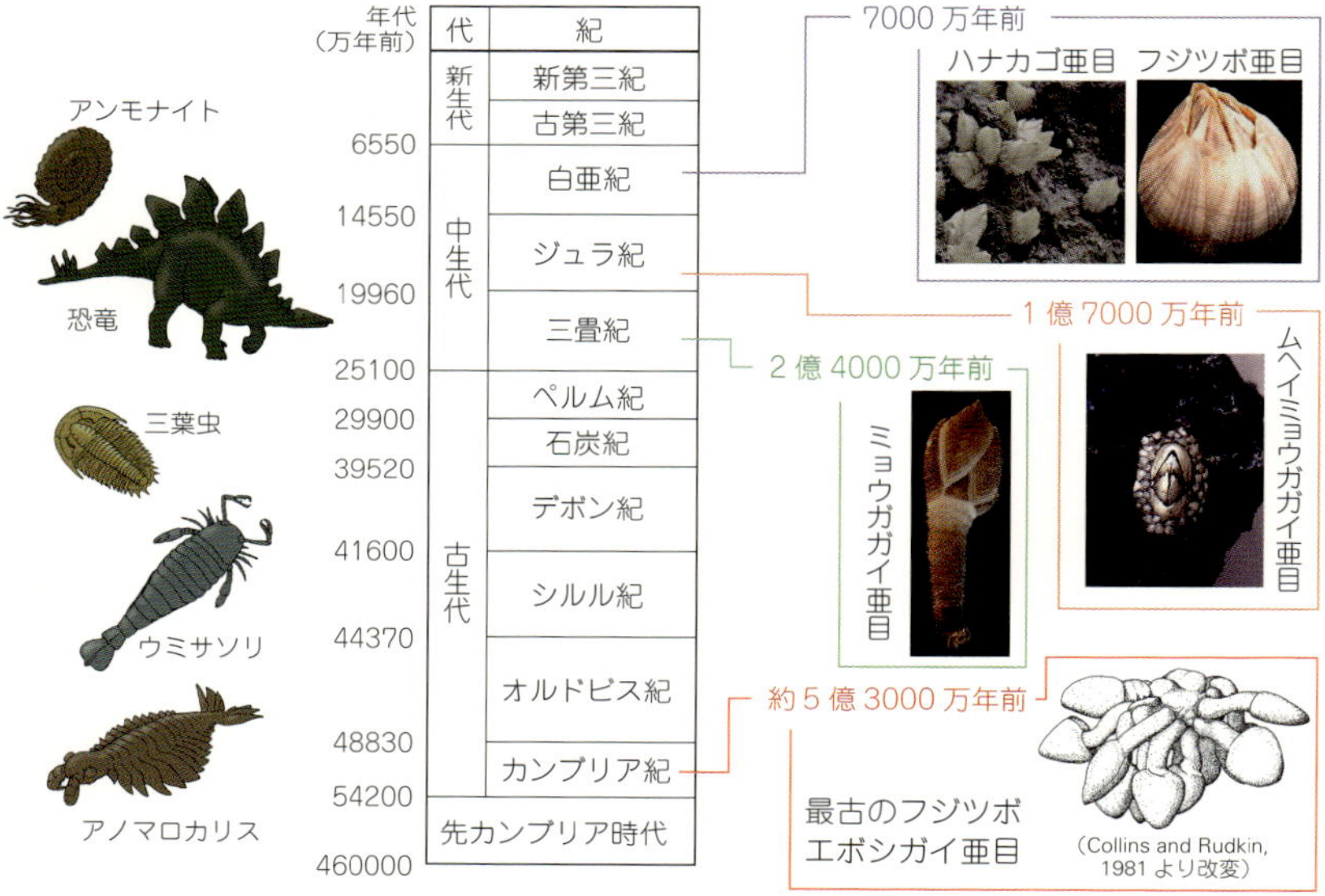

図 5　フジツボの進化．最古とされるものはカンブリア紀中期の地層から産出，三畳紀にはミョウガガイ亜目（写真 *Vulcanolepas osheai*），ジュラ紀後期に柄を失ったムヘイミョウガガイ亜目（写真 *Neobrachylepas relica*），白亜紀後期にハナカゴ亜目とフジツボ亜目が出現．（写真 © 山口寿之博士，画：倉谷滋）

リア紀中期（約五億三〇〇〇万年前）の地層、バージェス頁岩《けつがん》からエボシガイ的な化石が見つかっている。バージェス動物群といえば、アノマロカリスが海の中で最強だった時代だ。また、古生代シルル紀に大繁栄したウミサソリにヒッチハイクし、中生代にはアンモナイトに乗っていたフジツボもいたようだ（図5）。

　エボシガイやミョウガガイのような「柄の有る」ものが古いタイプ、そこからだんだんと柄を失う方向に進化したと考えられている。殻で直接何かにピッタリ付着する、最初の無柄フジツボ、ムヘイミョウガガイ亜目が現れたのは中生代ジュラ紀（一億七〇〇〇万年前）。左右が非対称なハナカゴ亜目、対称なフジツボ亜目（よく見かける富士山型のフジツボ）は中生代白亜紀後期（約七〇〇〇万年前）に出現した。もともと八枚構成だった無柄目の周殻は、進化を経るとともに数を減らす傾向がある。そうして殻の隙間から水分蒸発が防げるようになり、さらに多様化していった。進出した環境も様々で、極端な例では、深海に熱水噴出孔という三〇〇度近い熱水が噴出する場所もそのひとつ（図6）。そこでは一九九〇年に生きたムヘイミョウガガイ亜目のフジツボが見つかった。それまで一五〇〇万年前に絶滅したと考えられていたものだ。熱水には各種鉱物や硫化水素が溶け込んでおり通常の生物にとっては極めて有害だが、フジツボの主要なグループ三つの最も古いタイプは、すべてここから見つかっている。幾度も深海調査に参加されている千葉大学の山口寿之教授によると、ジュラ紀に浅い海にいたものが、深海で生き延びたらしい。フジツボ進化の歴史は果てしなく、そして悠久だ。

どこに付く？　岩場、深海、イルカの歯

悠久なる歴史を生き延び、進化・適応したフジツボはどのような場所にすむのだろう？

月の引力で海水が引っ張られ、一日に二回、満潮と干潮がやってくる。潮間帯とは、そう

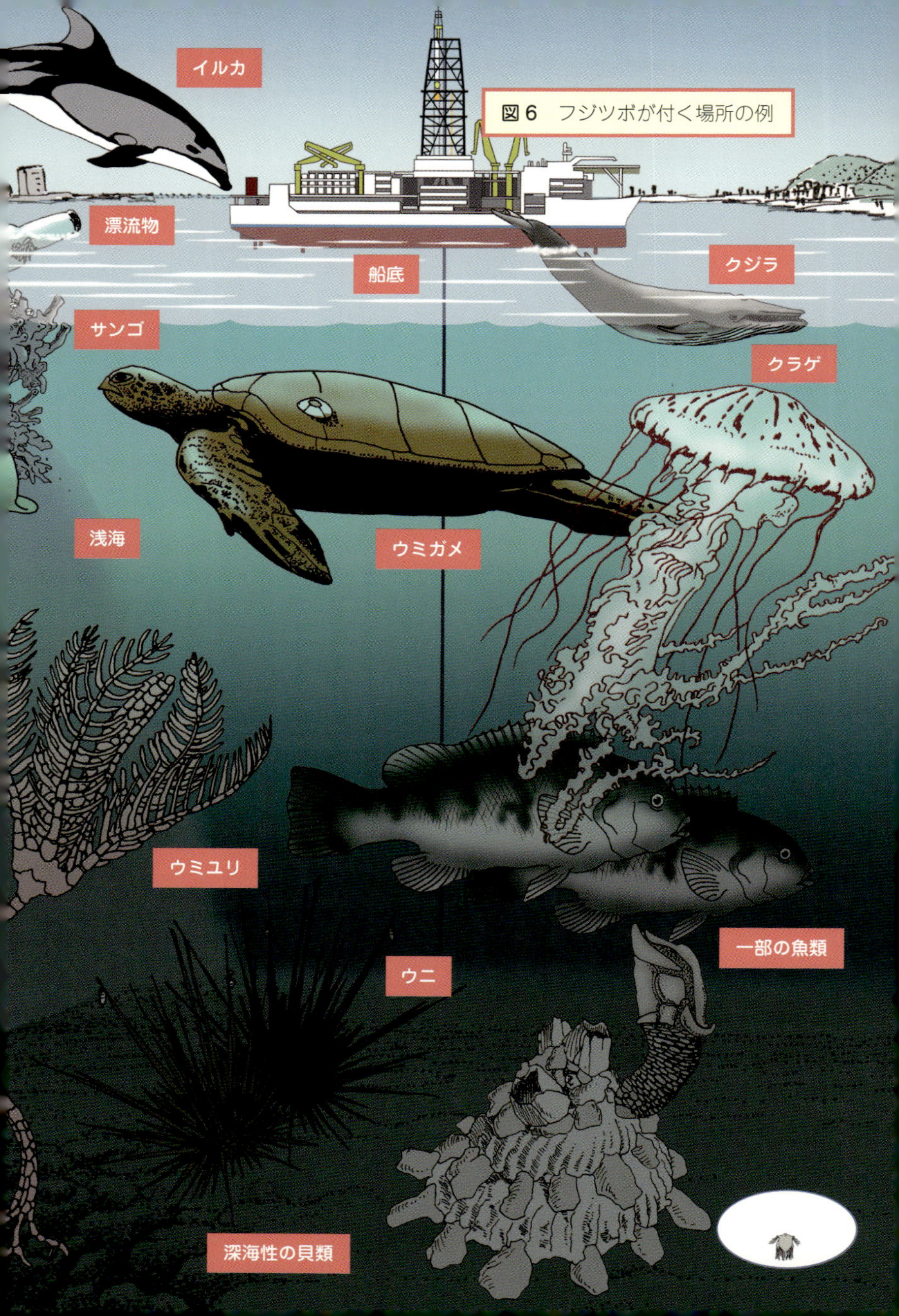

図6　フジツボが付く場所の例

（画：倉谷滋）

した潮の満ちひきがある場所のことで、そこにすむ生き物は、潮がひいている間、ジリジリする日差しと乾燥に耐え続けなければならない。さらに、打ち寄せる波が強いうえ、海水は蒸発すれば濃くなり、雨が降れば薄くなる、とても過酷な場所だ。カニ、ヒトデ、ウニなどの動く生物は岩の隙間などに避難できるが、付着生物となるとそうはいかない。殻の隙間を減らし、乾燥に強い種類のフジツボが潮間帯の上部(陸側)にすむ。下(海側)に行けば行くほど干上がる心配はなくなるが、フジツボを食べようとする他の生物がめっぽう多い。イボニシなどの巻き貝は舌に歯が生えていて、フジツボの殻をガリガリと削って中身を食べる。巻き貝のなかには、殻に「フジツボこじ開け用」の小さな突起を装備しているものもいるので、自然とこじ開けられにくいものが生き残る。蔓脚類には進化の過程で殻を厚くした種、殻の構造を強化したもの、筋肉を強化したり、蓋板に護身用のするどいトゲをのばした種類もいる。それでも動いて逃げられないフジツボは、様々な生物に狙われやすい。ヒトデ、カニ、イシダイなどの魚、カモメなどの海鳥、そしてヨーロッパなどでは、海岸にときおり出没するムカデも、フジツボを食べに来ることが知られている。この過酷な環境にすんでいるもののほとんどは、密閉性が高く、乾燥に強い富士山型の無柄目だ。柄があるとそこから水分が失われやすい。有柄目でありながら潮間帯にすむカメノテは、乾燥対策に柄がウロコのような厚い皮で覆われ、たえず湿っている岩と岩の隙間にすんでいる。

だが、海岸でよく目にする種類がフジツボのすべてだと思ったら、大間違い。フジツボの分布範囲は地球規模だ。海水のある場所であれば、温帯域はもちろんのこと、赤道直下、南極・北極の海にまで、深さはゼロメートル（たとえば海面を流木と共にプカプカ、など）から深海一万メートルにまで生息している。じつは「柄が有るフジツボ」の九八％は一〇〜六〇〇メートルの深い海にいて、一生目にすることはなさそうだ。無柄目も潮間帯や護岸にいるのはたったの三〇％弱、残りは深い場所やあまり人目につかないところにすんでいる。

ところで、フジツボには幅広くいろんな表面に付くことができる種類もいるが、コダワリをもって「ココにしかくっつかない」と付着する素材を限定しているものも多い。たとえば、クジラに付くフジツボは、クジラ以外には断固として付かない。海を漂うクラゲにしか付かないものもいれば、サンゴの中にしかすまないものもいる。はたまた、ウニの細いトゲ専門に付くもの、ウミガメの首筋、「イソギンチャクを背負ったヤドカリの殻でないと生きていけない！」という種類もいる。海に浮かぶ流木、軽石、マングローブの根、ヒドロ虫の上、イルカの歯、ウミヘビのしっぽ、マナティの背中、オットセイの毛……。ありとあらゆる場所にフジツボはすんでいる。多種多様なフジツボのみなさまは、付く場所も様々なのだ（図7）。

クジラに付くものは六種。なかでもオニフジツボは一頭のクジラに付いているものを全部

① エボシフジツボ *Xenobalanus* 類（クジラの尾）
② カニエラエボシ（カニのエラ）
③ カメフジツボ（ウミガメの甲）
④ サンカクフジツボ（ホタテの殻）
⑤ *Striatobalanus* 類（ウミユリの茎）
⑥ *Chelonibia manati*（マナティ）
⑦ クロフジツボ類（岩）
⑧ サンゴフジツボ（サンゴ）
⑨ カイメンフジツボ類（カイメン）
⑩ ハダカエボシ類（カニの遊泳脚）
⑪ *Striatobalanus* 類（カニのハサミ）
⑫ シロスジフジツボ（マングローブの茎）

図 7　様々な場所に付くFたち.（　）内は各写真において付着している場所.

あわせると、重量が数トンに及ぶことすらあるという。しかもクジラは自分の体のどこにフジツボが付いているのか承知のようで、オス同士が戦うときなど、わざとフジツボがたくさん付いている部分で相手に体当たりすることがあるというから、おもしろい。

ウミガメに付くフジツボは一二種ほどいるが、それぞれのフジツボ幼生は分布する海域が異なる。どんな種類のフジツボがどのくらいカメに付いているかによってウミガメの回遊のルートがわかるのではないか？　そんな夢のある研究に取り組んでいる研究者もいる。

COFFEE BREAK

都市伝説——ヒトにフジツボは生えるのか？

都市伝説——事実かどうかわからない出来事が、まことしやかに語られる。フジツボに関する都市伝説は、じつにおぞましい。

海辺の岩場でヒザをすりむいてケガをした人が、しばらくして足に激痛を感じるようになった。

病院に行ってレントゲンをとってみると、怪しい影が写っている。ヒザのお皿の裏側をびっしりと埋めつくしていたのは、なんと傷口から入って体内で増殖したフジツボだった！

さらにこの話、「**人間の血液は海の成分とよく似ているので、人の体内でもフジツボは生息できる**」と理由づけまでしてある。思わず背筋が寒くなるような話だ。

日本人フジツボ研究者の九割近くがこの都市伝説を耳にしたり、本当にありえるのかと質問を受けたりしている。北里大学の加戸隆介先生（日本付着生物学会会長）はテレビ番組の取材でこの噂についてコメントを求められ、「ヒトの体内では蔓脚運動をすることができないし、餌もない。組織の中（人体）では呼吸に必要な酸素も得られない」と回答されたそうだ。

「じゃぁ、クジラの皮膚に生えているフジツボはどうなんだ」と言う人がいるかもしれない。クジラの皮膚にフジツボがめり込んでいるからといって、決してフジツボはクジラの体から栄養分を吸い取っているわけではない。ちゃんと海水中から蔓脚で餌をとっている。

私は外国人と知り合うたびに質問してみるのだが、「人体にフジツボびっしり伝説」を知っている外国人に、いまだ会ったことがない。これは日本限定の都市伝説と言えるだろう。

「フジツボ＝きもち悪い」というイメージを定着させ、世間でフジツボが過剰に毛嫌いされるようになった根源は、この都市伝説にあると私は確信している！

2

浮世離れなＦ生活

フジツボの蔓脚の動きは
じつに美しい

チャールズ・ダーウィン
（フジツボ類のモノグラフ　現生無柄類の巻，1854）

イソギンチャクに囲まれて蔓脚を出す，
北米の大型種 *Balanus nubilus*.

第1章で述べたように、フジツボはエビやカニの仲間、甲殻類である。にもかかわらず、フジツボはあえて定棲を選択している。そして、体のつくりや生態もみごとに「付着」というライフスタイルにあわせている。本章では、そんなF的生活をちょっとのぞいてみよう。

足でお食事

「動かない」のは外側の殻が移動しないというだけのこと。一九世紀の博物学者、ルイ・アガシがフジツボの「中身」をとても的確に言い表している。

石灰質の家の中で逆立ちした
ちっぽけなエビのような生き物が
足で食べ物を口に蹴り込んでいる

そう、殻の中にいるのはエビみたいな生物。だが、泳いだり歩いたりするエビのような脚は、もはや必要ない。脚は用途を変えて、イソギンチャクの触手のようにプランクトンをキ

ヤッチするために使われる。見た目はまるでフサフサとした貴婦人の羽根扇のよう。それを手招きするような動きで上部に開いた蓋板の隙間から優雅に出し入れする（図8）。

六対のその美しい脚は、殻の中にいながら、外の海水中にただようプランクトンをとても効率よくつかまえる。外側の周殻の中から、本体が外へ出かけることはない。中身は殻の内側につながっており、腹筋をするような形で、「脚」だけを中央の蓋板の間から出し入れして、餌をとる。その足（蔓脚《まんきゃく》）を引っ込めた部分に口がある。

図9を見ながらフジツボになりきって想像してほしい。あなたの手がフジツボの脚と仮定する。手をまねく動作をするように

水中で蔓脚を出しているところ.

図8

蔓脚の一連の動き（Life in the Chesapeake Bay, 2006 より）.

出し入れし、外に手を出したとき、手のひらをパッと開き、引っ込めた時に、ぎゅっと手を握りしめてみる。指をひっこめたとき、中指のツメのあたりに口がある。フジツボはそうやって蔓脚で集めたプランクトンを口に運んで食べているのである。手をひらいたまま手首を動かしてみてほしい。蔓脚はフクロウの顔のようにクルッとどの方向にも向けることができる。水流が足りなくて何も流れてこないときは蔓脚を動かして、自ら食事用の水流をつくる。

図 9　モントレー港水族館のフジツボ気分を味わいながら学べる展示物．米国には同じような博物館展示が他にも数か所あるようだ．

こっそりと脱ぐ

外見は甲殻類らしくないフジツボも、硬い殻の中では、エビやカニのように脱皮をして大きくなる。蔓脚の一本一本に生えた毛まできれいに脱ぐ。けれども脱皮は、あの石灰質の

図 10　フジツボの脱皮殻．蔓脚の細部まできれいに脱皮している．とても薄いので，しばらく海面をただよう．
（© 加戸隆介博士，出典：『フジツボ類の最新学』恒星社厚生閣）

殻の内部で秘かに行われ、脱いだ殻は蓋板の間から海水中に捨てられる。それはカニの抜け殻のように固くて頑丈な質感ではない。フジツボの脱皮殻はごく薄い半透明の膜のようなもので、まるで「天女の羽衣」のよう（図10）。その脱皮殻はごく軽量なので、海面をしばらくユラユラと漂うことがある。小中学校の課外活動などでプランクトンネットをひいて観察をすると、様々な海洋生物の幼生にまぎれて、図鑑に載っていない怪しげな生物がまぎれていたりする。「新種の生物かも」とちょっとドキドキしてしまうが、それはフジツボの脱皮殻であることが多い。フジツボの中身を見たことがある人は少ないし、脱皮殻自体は生き物ではないので、図鑑にもあまり載っていない。岩場の潮だまりでよく目を凝らせば、水面をふわり漂う「天女の羽衣」を見つけることができるかもしれない。

ゆき届いたお手洗い

殻の外へ出て移動しないフジツボ、お手洗いに行きたいときはどうしているのか？

再度ヒトの手にたとえると、指と指のあいだの付け根のあたりに肛門がある。外に出て用を足せないのなら、殻の内側にどんどんフンがたまってしまいそうだ。だが、その点はじつにうまく工夫されていて、餌を捕らえるときのまねくような動き、すなわち蔓脚の出し入れをすれば殻の中の海水は入れ替わる。水洗式なわけだ。

フジツボのフンは、消化しきれなかったプランクトンのかけらからできている。そのままの状態で排出すると、フンは海水に溶けてフジツボの周囲にまき上がってしまうだろう。その直後に餌を捕るための「足まねき」をしようものなら、食べ物と一緒にさきほど排出したばかりの自分のフンを食べてしまいそうだ。

これまたきちんと工夫がされている。フンは内容物が溶けださないように、薄い膜に包まれて出てくる。しかもフンを包む膜は、少し重くなっていて一方の先端が太い「なみだ型」になっているという念の入れよう。膜に包まれたフンは、太いほうを下にしてすみやかに海

底へ沈んでゆく。お手洗いの様式まで、付着生活にみごとに適応しているのだ。

耐えしのぶフジツボ

岩場などに付着しているフジツボは、潮がひいているときにはひたすら耐えている。普段の呼吸は海水中の酸素を取り込んでいるわけだが、殻の中にある少量の海水に溶けた酸素では潮が戻るまで（六時間ほど）とてももたない。そこで、蓋板の隙間から空気を取り込み、耐えしのぶ。風が強い日や日差しが強くてどんどん乾燥してしまいそうな場合にはやむを得ず蓋をしっかり閉め、ピッチリ密閉して乾燥を防ぐ。その際には酸素を使わない呼吸に切り替え、潮が戻るのをじっと待つ。

F的繁殖方法「予告編」

付着という生活様式への適応という点で、どうしても避けて通れないトピックスがある。フジツボの繁殖方法だ。サメ以外の魚やウニやサンゴをはじめとする多くの海洋生物は、精子と卵子をそのまま海水中に放出して、体外受精をする。エビやカニといった一般的な甲殻類は、メスの脱皮後の体がやわらかいうちに抱きかかえて交尾（または交接）を行うのが一般的とされる。

一方フジツボは付着生物なので、抱きかかえることはもちろん、接近することもままならない。そうなるとウニのように海中に卵子と精子を放出すればよさそうだが、フジツボは「甲殻類らしさ」を捨てていない。動き回らない付着生活を送っているにもかかわらず、交尾のような行動をとる。フジツボの外側の殻は固定されていて、本体は動けない。

ではどうやって？

ヘルメスとアフロディーテの自由な恋

「雌雄同体」という言葉がある。同じ個体がオスでありメスでもある、すなわち一つの体に卵巣と精巣の両方を持っているということだ。ちょっと脱線するが、英語では雌雄同体のことをヘルマフロディーテ(hermaphrodite)という。ギリシャ神話の男神ヘルメスと美の女神アフロディーテをあわせた言葉で、この二人の神の子として両性具有のヘルマフロディトスがいる。雌雄同体のミステリアスな雰囲気とギリシャ神話は、なんとなく合う。フジツボは甲殻類の中ではまたもや変わっていて、八割近くが同じ個体の体に卵巣と精巣とを持つ雌雄同体である。

多くの生物は遺伝子の交換をするためにも、雌雄同体ではあっても自分で受精させることを基本的には避ける。だが自由に動きまわれないとなると、遠くにいる他の個体に自分の精子を渡す何らかの手段がないといけない。そこで進化の過程でフジツボが得たのは、とびきり長く伸びるオスの生殖器（陰茎・ペニス）だ（図11）。

図11　フジツボの交尾．生殖器を長く伸ばしている．

　フジツボはなんと自分の体長の約八倍にまで伸びる生殖器を持っている。これで移動をせずとも離れた場所に付着している仲間と交尾が可能だ。陰茎の先で卵が成熟した他の個体を探知し、ニューッと伸ばす。体長との比を考えれば、シロナガスクジラの生殖器（二・四メートル）など、長いとはいえないのだそうだ。米国では一般の人がフジツボと聞いて真っ先に思い浮かべるのが、この「動物界で一番の長さ」ということらしい。米国のスクリプス海洋研究所の人が動画付きでフジツボの生殖器をうらやむ内容の歌をつくったりしたものだから、さらに関心が高まった。

　だが、注目されることによって学術的に詳しく調べる研究者も増えた。由緒正しい「英国王立協会の紀要」にフジツボの生殖器の長さや形にまつわる最新の知見を述べた論文が掲載されたり、「ナショナルジオグラフィック」誌でも、記事にされていたりする。

どんどん上がる体脂肪率

そうしてめでたく受精したフジツボは、どのように成長するのか？

じつは、卵からかえった後しばらくは海の中を泳ぎまわる。卵は親の殻の中で孵化し、しばらくは親の殻の中でぬくぬくと育つ。これはエビやカニの仲間に共通のノープリウス幼生だ（図12）。クリッとした目がかわいい。

ところで、幼生が殻の外に泳ぎだすときに、親がいつもの調子で「足まねき」をすると自分の子を食べてしまうのではないかと心配になる。しかし親はちゃんと蔓脚の動きを止めて待つ。ひとたび親の殻から泳ぎだすと、ノープリウス幼生たちは明るい方を目指してピコピコした動きで活発に泳ぎ、水面近くのプランクトンをたくさん食べる。ノープリウスはとにかくよく食べ、できるだけ体脂肪率を上げるように努める。

キプリス幼生

立派なフジツボになるためには、付着しなければならない。家づくりの第一歩は土地探し。

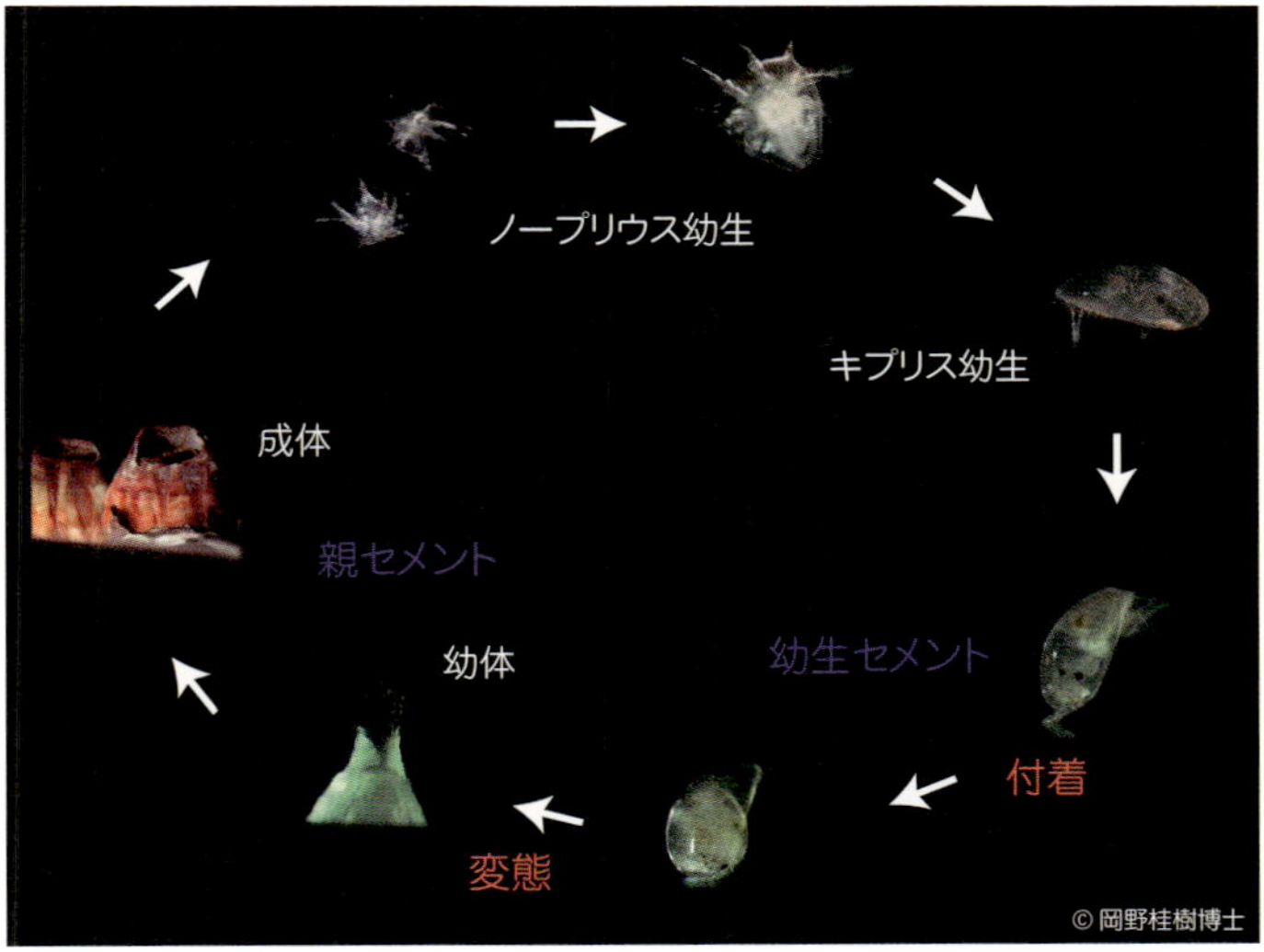

図12

フジツボの生活環図．姿を大きく変えながら成長する．ノープリウス期に5度脱皮をしたのち，付着するために特化したキプリス幼生に変態．幼体を経て成体となる．

クジラに付くオニフジツボのノープリウス幼生は，一般的なノープリウス(左)と違い，6期の後半になると目じりが下がり，微笑んでいるようにみえる(右)．中央の濃い部分は，食べたプランクトンなど．(写真 © 48ページ章末に記載)

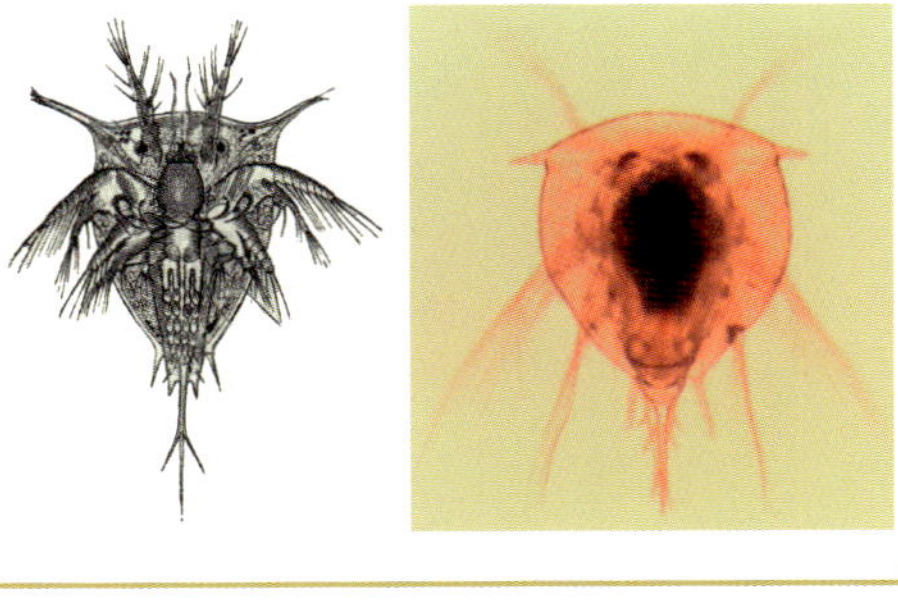

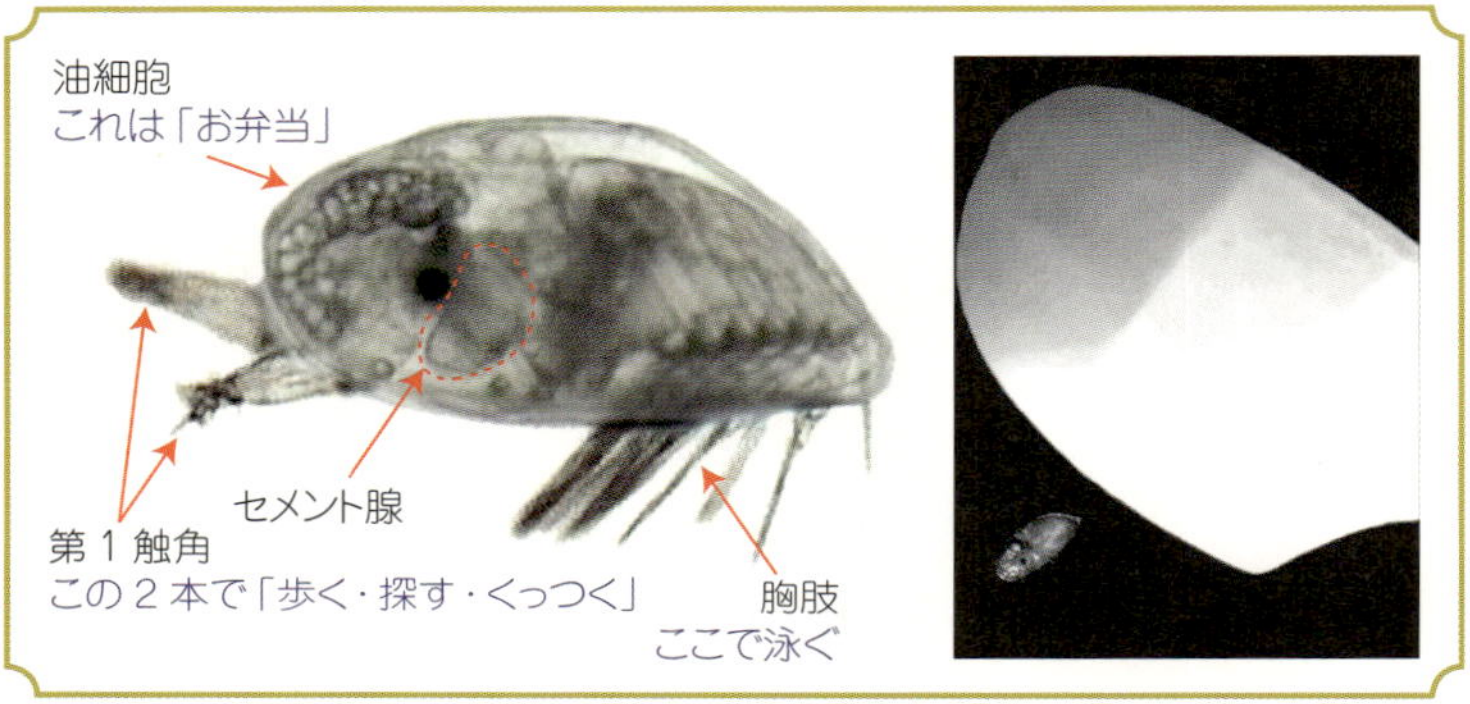

図13　キプリスの構造と米粒との比較．１ミリにも満たないキプリス幼生だが，付着をサポートする様々な装備が充実している．（© 岡野桂樹博士）

フジツボの場合、環境が非常に悪いとわかっても引っ越すわけにはいかない。そこで後悔しないよう、くっついてしまう前に念入りに下調べする。担当は「土地探しに専念する幼生」キプリス幼生だ。食べる間も惜しんで専念できるよう、ノープリウスから変身をしたこの幼生にはあらかじめ口が無い。

キュートな名前がついたこの幼生は、お米の粒にニュッと二本の手が生えたような形をしている。一ミリ前後なので、大きさは米粒より随分と小さい（図13）。このかわいい幼生が「土地探し」にどれだけ力を注げるかは、ノープリウス時代に蓄えた体脂肪の量にかかっている。前段階のノープリウスがよく食べ体脂肪率を上げ続けていたのはこのためだ。キプリス幼生は付着場所を探しながら体内の油細胞を少しずつエネルギー源として使い、一秒間に体長の二倍進むことができる（これはオリンピックの競泳選手にも無理な速度である）。

変態 - 幼体 - 成体

夜間飛行のさい、窓から地上を見下ろすと、人口密集地が光の点の集まりとして浮かびあがる。キプリス幼生は、そんな場所を化学物質で探知する。前方に伸びた腕のような二本の触角はセンサーになっていて、高速で泳ぎながらもフジツボが出す微量のタンパク質などの情報を感知できるらしい。生きたフジツボが多数いるということは、そこは餌となるプランクトンがたくさん流れてきて飢える心配がない場所ということ。キプリスは二本の触角によい情報が伝わると、ほどなく着陸準備を始める。

付着の候補地に降り立つと、周辺を二本の触角でテクテクと歩きまわる。これを探索行動という。歩くと、キプリス自身も化学物質の「足あと」を残す。誰も興味をもたない土地より、他の幼生もここはどうかナ、と吟味した場所のほうが、好条件な確率が高い。なぜならキプリスは良くない土地には、決して長くとどまらないからだ。ダメだと判断するとすぐに泳いで次を探す。付着候補地の評判を前もって調べることは重要なようで、足あとのない表面よりも他のキプリスがたくさん歩いた場所には、七〇倍ものキプリスが集まったという実験結果がある。まさにフジツボ版、口コミ情報である。

基本的にどんな表面にもくっつけるとはいえ、キプリスはなかなか好みにうるさい。ツルツルすぎずザラザラすぎず、他のフジツボも居ないといけないが、あまり過密な場所は好まない。適度に仲間がいて、自分がスクスク大きくなれるスペースがあって、波をしのげるちょっとしたへこみがあったりする場所が、キプリスには「優良物件」のようだ。

しかし、いつまでも理想の物件探しは続けられない。決めかねていると体内の燃料が底をつく。キプリスになったばかりの幼生には油細胞が多数あるが、一〇日も経過すると、体内の丸いツブツブは少なくなってくる（図14）。まだ体内の油の蓄えが豊富な若いキプリスは、実験的に付着面をいろいろと与えた場合、よりよい場所を探索し、なかなか付着にいたらない傾向があるそうだ。一方、体内の栄養の蓄えが残り少なくなったキプリスは、条件に

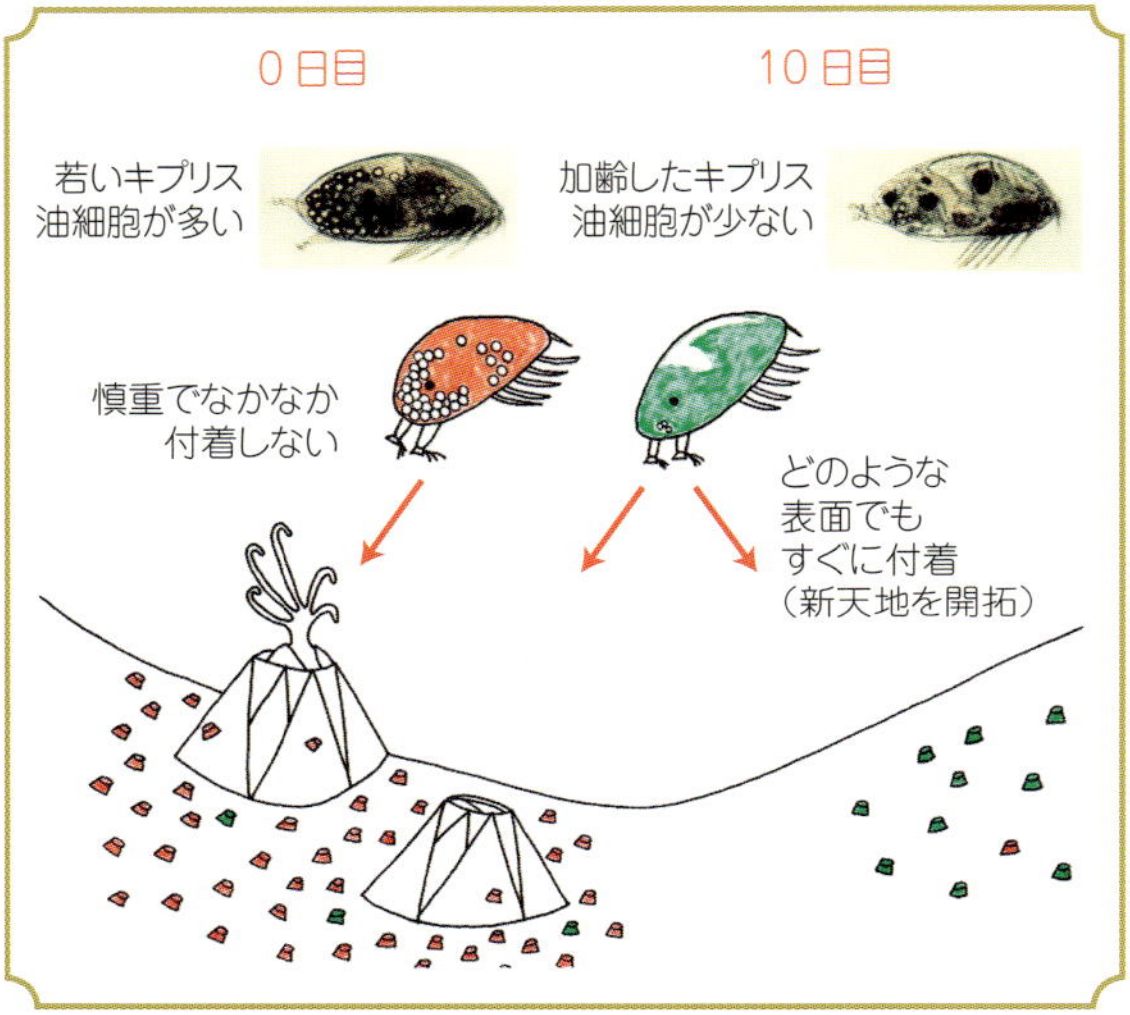

図14　口がなく，体内のお弁当（油細胞）に依存しているキプリスは，蓄えがつきてくると，どのような表面にでも付着する傾向がある．加齢したキプリスは新天地を開拓するパイオニア的な役割があるのではないかということだ．（© 松村清隆博士）

はあまりこだわらず、すみやかに付着するという報告がある。

足あとに「土踏まず」？

ところで、フジツボの種類ごとにキプリス幼生の足あとや歩き方に特徴がある（図15）。幼生のサイズは小さめなのに大またで歩く種、反対に体は大きいのにチョコチョコと小幅な足あとを残す種がおり、楽しい。研究とは別に、キプリス幼生の足あとを観察して楽しむ「足あとの会」フットプリント・アソシエーション（略称FA）という国際的な集まりを主宰する松村清隆博士によると、一般的なキプリス幼生の足あとは円形の点だが、アカフジツボの足あとは中心がぬけたドーナツ状になっているそうだ。

なぜ土踏まずがあるのかはわかっていないが、案外このような素朴な疑問から大きな発見はあるのかもしれない。

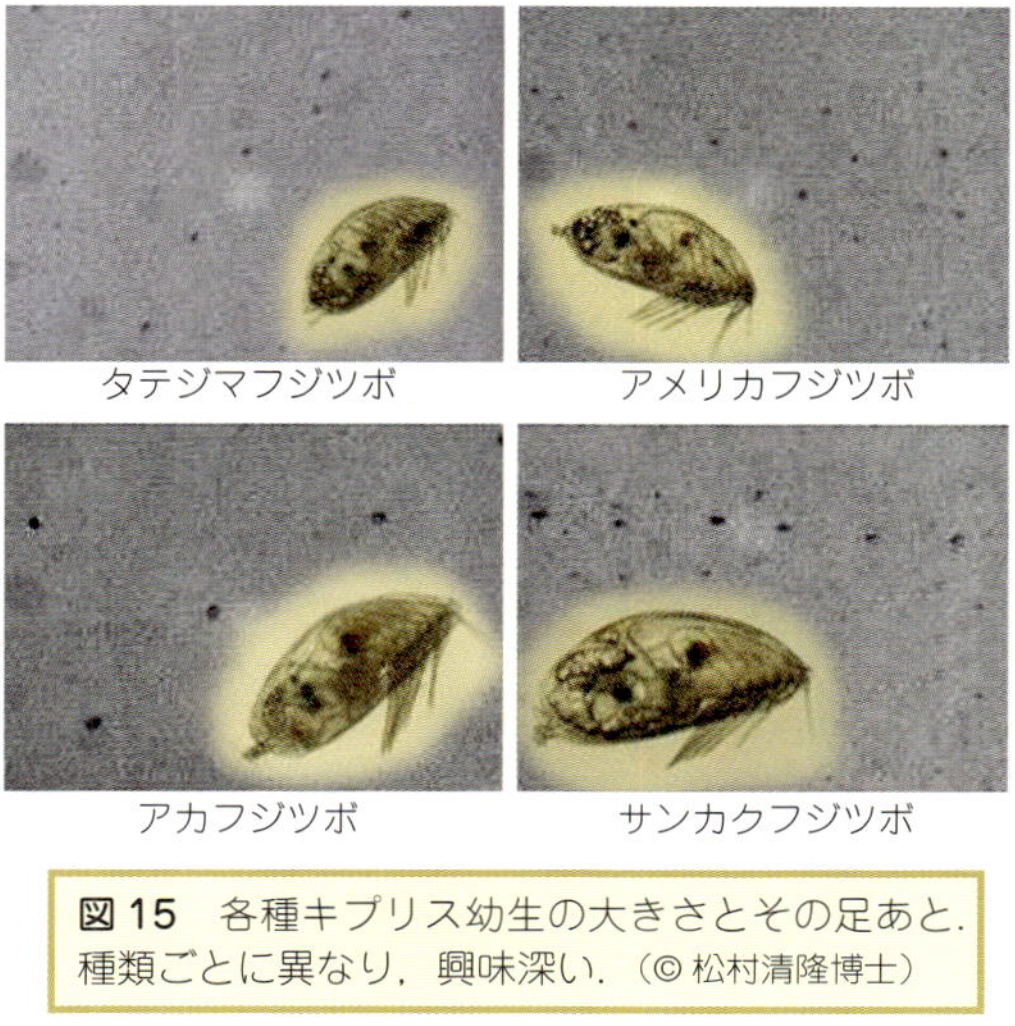

タテジマフジツボ　アメリカフジツボ

アカフジツボ　サンカクフジツボ

図15　各種キプリス幼生の大きさとその足あと．種類ごとに異なり，興味深い．（© 松村清隆博士）

キプリス・ダンスの踊りかた

秋田県立大学の岡野桂樹博士より、キプリス幼生の付着前の行動を記録した貴重な（そして、とんでもなくカワイイ）画像を提供いただいたので紹介したい。キプリスは付着する前に一連のダンスを踊るという（図16－18）。

図 16 ピボット・ダンス．付着準備として，気に入った場所を見つけると，くりかえし歩く．一方の触角を固定してステップをふんでいるところ．黄色の矢印が固定している触角，赤の矢印が前後に動かしている触角．

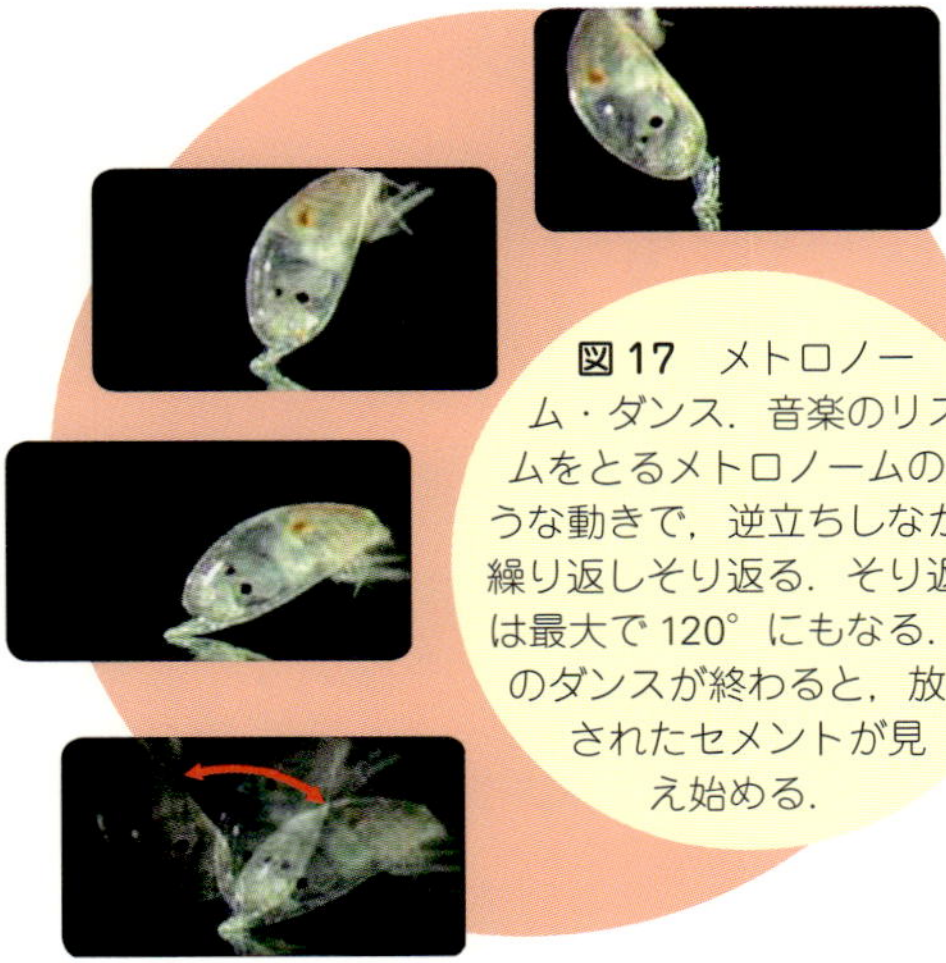

図 17 メトロノーム・ダンス．音楽のリズムをとるメトロノームのような動きで，逆立ちしながら繰り返しそり返る．そり返りは最大で 120° にもなる．このダンスが終わると，放出されたセメントが見え始める．

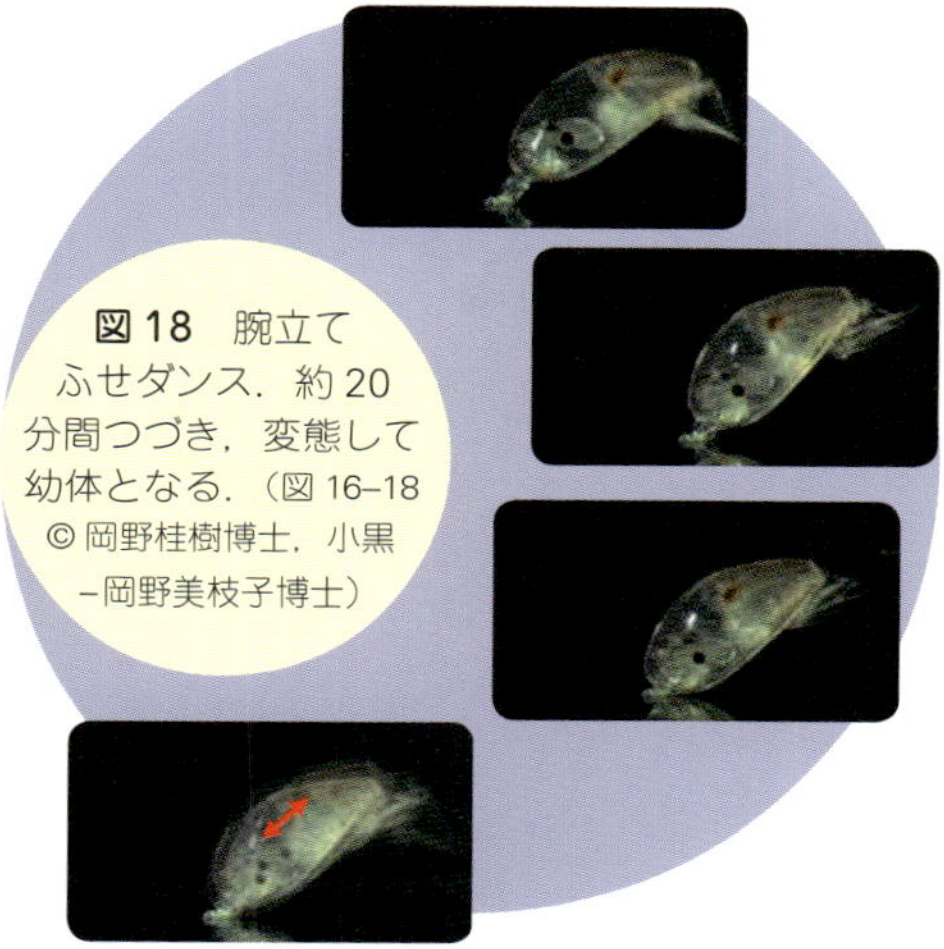

図 18 腕立てふせダンス．約 20 分間つづき，変態して幼体となる．（図 16–18 © 岡野桂樹博士，小黒–岡野美枝子博士）

これはキプリス幼生の使命である「付着」に伴う行動を明らかにした貴重な記録である。

一生を過ごす定着場所を決めたキプリス幼生は、水流の方向と逆を向いてから逆立ちをすることが多い。そうして成体の体に形を変える（変態する）と、ちょうど蔓脚の向く方向が水流と逆になる。プランクトンが蔓脚に向ってうまく流れてくる方向になるように付着しているわけだ。

ついに、フジツボ

このようにして念入りな情報収集の末に決断し付着すると、キプリスは脱皮をし（図19）、蔓脚をそなえた幼体となり、フジツボとしての生活をスタートさせる。種によって寿命はまちまちだが、一年から、長いものは五〇年近くもその場で「付着生活」を送るのである。

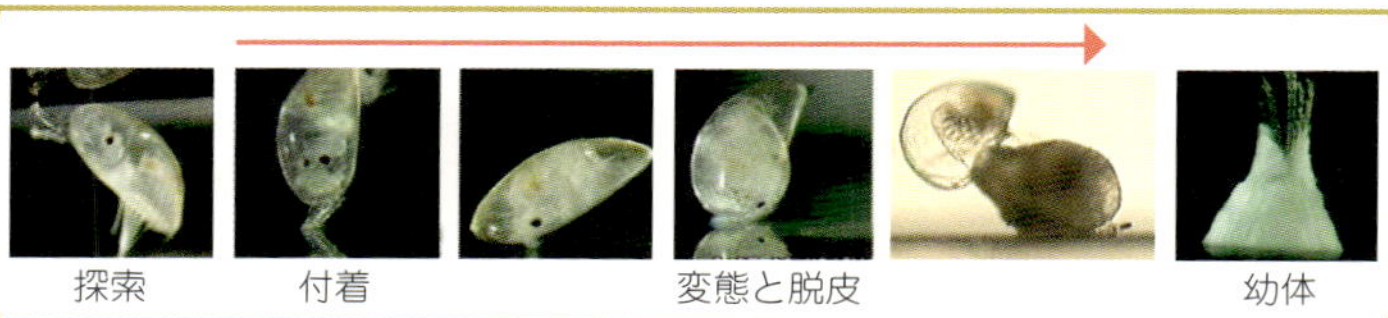

図 19 キプリスが付着して変態し，小さなフジツボになるようす．（© 岡野桂樹博士）

COFFEE BREAK

移動するフジツボ!?

フジツボは「基本的に」移動しない。例外があって、カメノテの類は付着した後にも少しだけ移動するという観察例があるが、小さいころに付着した場所から微妙に位置をかえる程度で動き回るわけではない。というわけで、フジツボは「動かない」とされてきた。

ところが二〇〇八年に米国の研究グループが、カメの甲羅の上を移動するカメフジツボについて報告した。もちろん目で見てわかる速度ではないようだが、確かに動くらしい。ウミガメを個体識別するために写真に写ったカメフジツボを調べている過程で、同じ個体なのにカメフジツボの位置が移動していると気がついたようだ。幼生は流れがゆるやかな場所にいったんくっつき、その後少しずつ餌をとりやすい場所に移動するケースが多いとか。電力中央研究所の野方靖行博士は、他の研究の傍ら実験室で幼生から育てたカメフジツボを飼育している。気が付くと、動いた痕がビーカーの壁に白くついていたという。それはすぐはがれてしまう性質の白い痕で、最近はあまり動いた形跡がないそうだ。居心地がいいスポットをみつけたのだろうか。

図20は江戸時代のウミガメの絵。甲羅にカメフジツボが付いている。よく見ると、カメフジツボのまわりに白い点々が描かれている。これは動いた痕なのか？　真相はわからないが、江戸時代の絵師はそのするどい観察眼で、カメフジツボが移動した痕まで描いてしまったのかもしれない。

図 20　江戸時代の図譜『本草図説』でウミガメの甲に描かれたカメフジツボ.（『本草図説　水産　赤亀』, 西尾市岩瀬文庫所蔵）

図 12　オニフジツボのノープリウス幼生の写真
© 松村清隆博士
画像出典：Biol Lett. 2006 March 22; 2(1): 92-93.
Larval development and settlement of a whale barnacle
Yasuyuki Nogata and Kiyotaka Matsumura*
http://www.pubmedcentral.nih.gov/articlerender.fcgi?artid=1617185

3

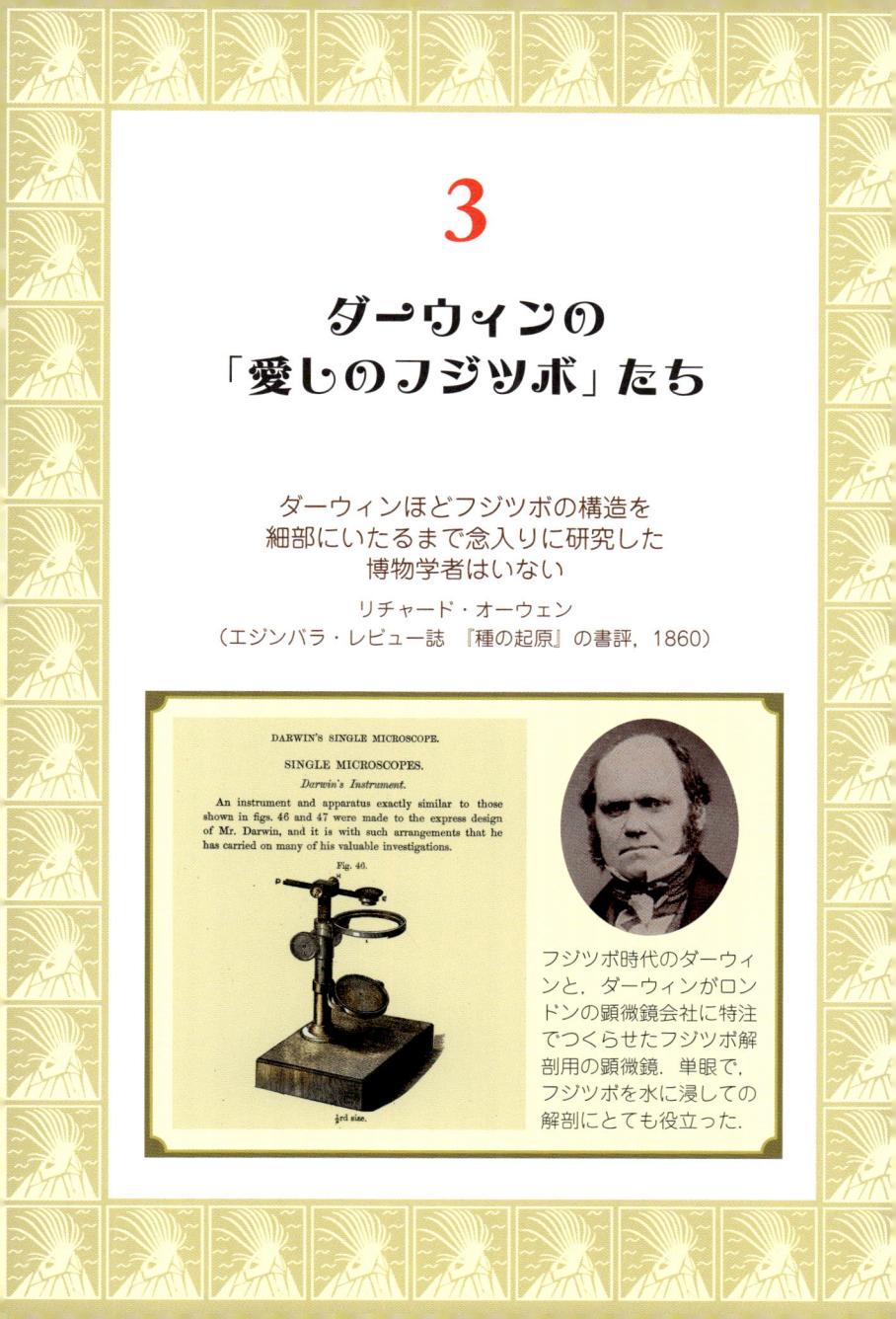

ダーウィンの「愛しのフジツボ」たち

ダーウィンほどフジツボの構造を
細部にいたるまで念入りに研究した
博物学者はいない

リチャード・オーウェン
（エジンバラ・レビュー誌　『種の起原』の書評，1860）

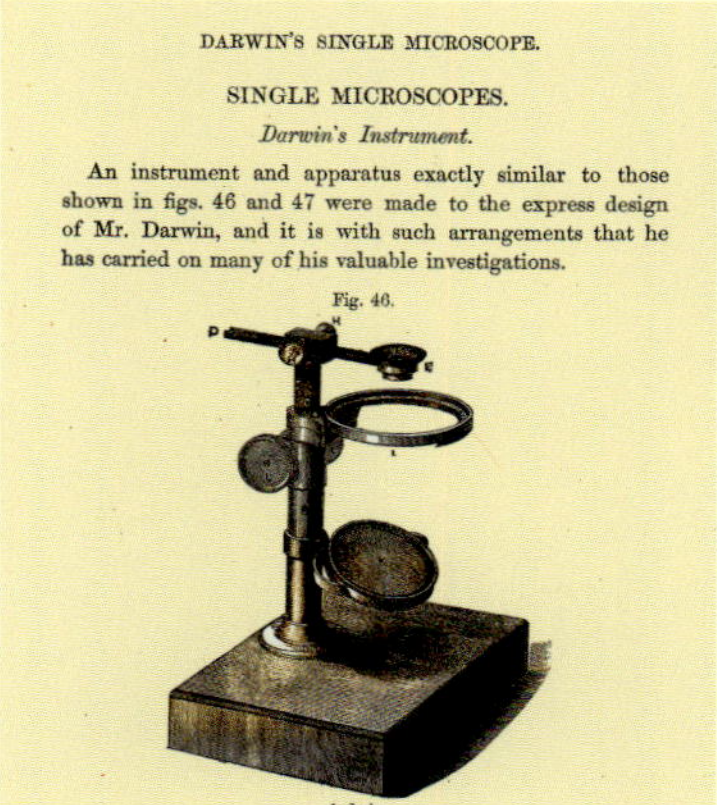

DARWIN'S SINGLE MICROSCOPE.

SINGLE MICROSCOPES.

Darwin's Instrument.

An instrument and apparatus exactly similar to those shown in figs. 46 and 47 were made to the express design of Mr. Darwin, and it is with such arrangements that he has carried on many of his valuable investigations.

Fig. 46.

$\frac{1}{3}$rd size.

フジツボ時代のダーウィンと，ダーウィンがロンドンの顕微鏡会社に特注でつくらせたフジツボ解剖用の顕微鏡．単眼で，フジツボを水に浸しての解剖にとても役立った．

やはり載るのは貝の図鑑？

第一印象で「フジツボは、貝だ」と思ってしまうのも無理はない。エビやカニのようには動かないし、カサガイ風の硬い石灰質の殻に覆われており、かもしだす雰囲気が貝っぽい。分類学上も「貝類」とみなされつづけた長い歴史がある。フジツボはその正体について、ゲーテ、ゲスナー、ラマルク、キュビエなど、ヨーロッパのそうそうたる博物学者たちを悩ませてきた。石灰質の殻があるので貝類にされてきたが、誰しもスッキリしないものを感じていたようだ。しかし、フジツボはなかなかその正体をあかさない。かのキュビエも解剖学的に詳しく調べたにもかかわらず、貝類だと位置づけていた。蔓脚類の語源となるcirrhipedes（巻き脚）と名づけたのはラマルクだった。だが彼も甲殻類との近縁性をほのめかしつつもフジツボを甲殻類に移すことはしなかった。

一七四五年、ある英国の牧師が、当時ようやく実用的になってきた顕微鏡を駆使して微細な生物の観察をしているうちに「フジツボは、エビ、ザリガニ、ロブスターなどに近い仲間のようだ」と気づき報告する。だがこの報告は当時の博物学の権威、リンネやラマルクらに注目さえされなかった。そうしてフジツボはその後、八五年間も軟体動物（貝の仲間）として

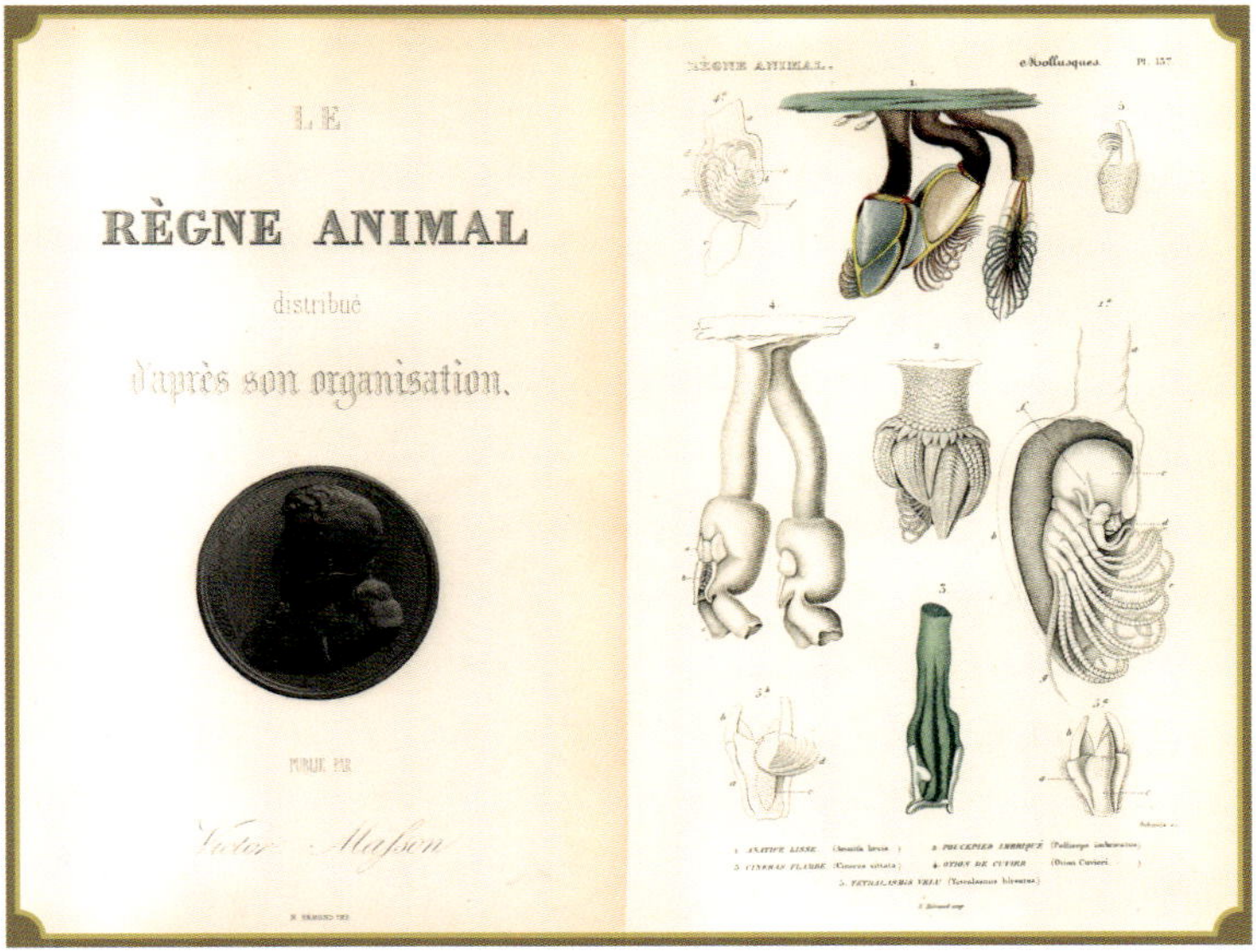

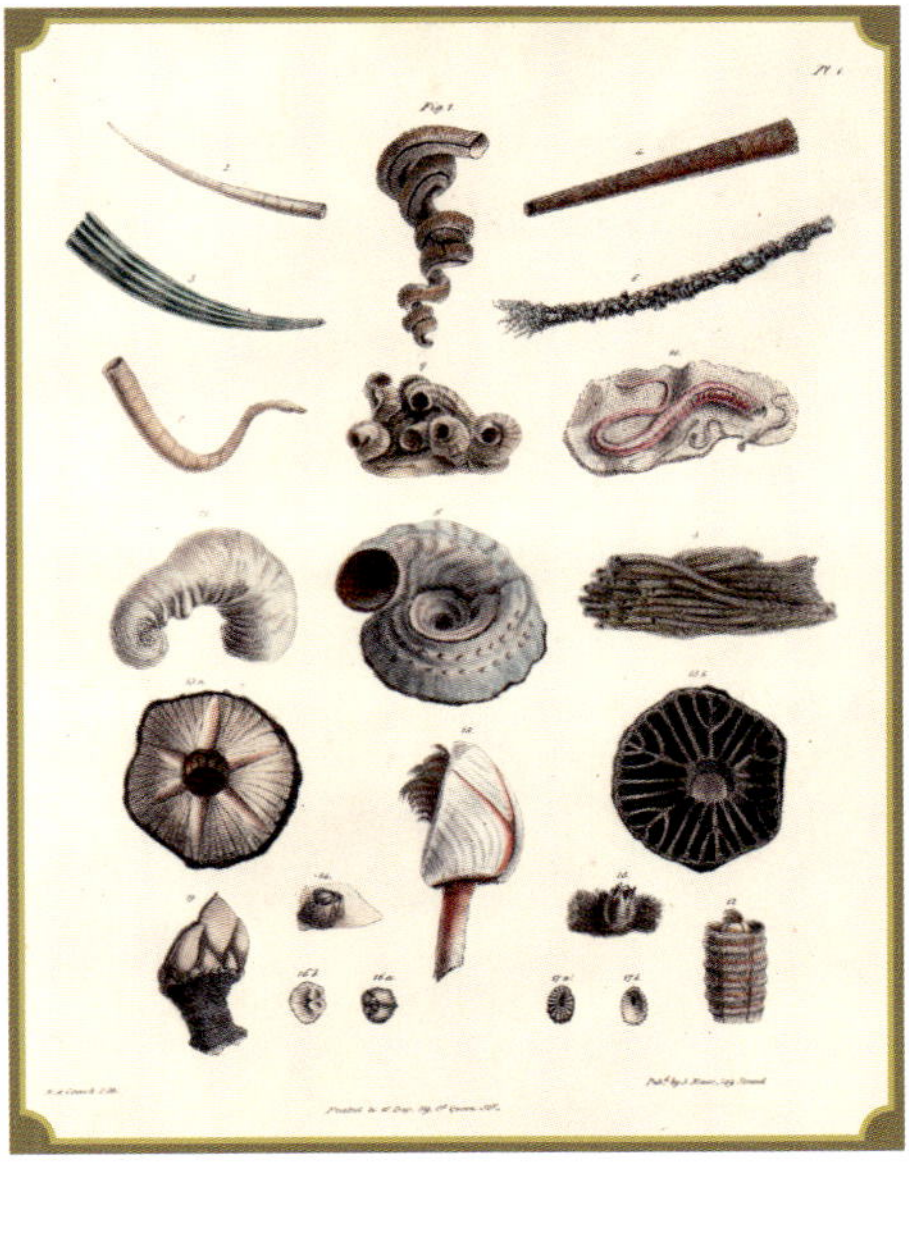

図 21　上：19 世紀フランスの博物・比較解剖学者キュビエによる博物図譜『動物界』シリーズの貝類図譜（1834・1850）．とても美しい精巧なフジツボの図が多数載っている．
左：エドムンド・A・クローチ『図説ラマルク貝類学入門』（1827）．ツノガイなどと一緒にカメフジツボ，エボシガイ，カメノテなどが載っている．

貝の図鑑に収録され続けた(図21)。

一八三〇年(日本は江戸後期)、英国のヴォーガン・トンプソンという学者が、フジツボの分類学的位置づけを左右する観察をした。彼は、採集したプランクトンの中に入っていた生物が変態して小さなフジツボになる様子を目にしたのだ。このとき見たのは成体になる直前のキプリス幼生であった。トンプソンはその数年後、別の種類のフジツボを入手。殻の中からキプリスが見つかることを期待していた。すると今度は全然違う形をした幼生が出てくるではないか! ノープリウス幼生だった。ノープリウスは甲殻類特有の幼生としてすでに知られていた。フジツボが甲殻類だという証拠が見つかった瞬間だった。

そして「フジツボはノープリウス幼生期を経てキプリス幼生となり、成体のフジツボになる」と一連の生活環として論文発表したのは、カール・バーメスターという学者だった。

こうしてようやく甲殻類として認められたフジツボであったが、その分類はまだまだ不完全なものであった。そこに登場するのが、かの、チャールズ・ダーウィンである。

八年間のF時代

ダーウィンといえば、「種の起原」「進化論」などのキーワードが思い浮かぶ。案外知られていないのは、ダーウィンの生涯には一八四六年から八年間にもおよぶ「フジツボ時代」(以

下、F時代)があることだ。彼は自宅にこもって熱心に研究し、計四巻の『フジツボ総説』を書きあげている。それらは全巻あわせて一二〇〇ページを超す大著だ(図22)。

しかしこのF時代、歴史家にはなかなか評価されなかった。「フジツボ研究は『種の起原』の発表を遅らせた根源」「当時は何か一つの動物分類のスペシャリストでないと認められなかったので仕方なくフジツボの分類をしていた」などと、まことしやかに言われ続けた。ダーウィン自

図 22　『フジツボ総説』4 巻のうち，現生の無柄類の巻の背表紙と図版の 1 枚.

身も研究に行き詰まったとき「フジツボがキライになった」と日記に書いたものだから、「仕方なく説」を助長してしまった。

幸い、近年になってダーウィンのノートや一万通を超す手紙などの詳しい研究が進んでいる。お陰で徐々にＦ時代に対する誤解もとけてきた。Ｆ時代はなかなか興味深い。ビーグル号航海といえばフィンチやゾウガメなど脊椎動物を調べたというイメージが強い。だがダーウィンはエジンバラで学生をしていたとき（医学部、のちに中退）、潮だまりの生物観察に熱心だった。付着生物にも関心があり、ダーウィンの最初の学術論文がコケムシという付着生物についてだったことも案外知られていない。五巻に及ぶ『ビーグル号航海の動物学』という本は、化石、哺乳類、鳥類、魚類、爬虫類の専門家が書いてダーウィンが監修したものだ。この本には無脊椎動物の巻が予定されていてダーウィン自ら執筆する予定だった。だが途中で政府からの出版費が打ち切られ、背骨の無い生物の巻はついに幻に終わった。そんなダーウィンのフジツボ期前後の生活を簡単な年表にしたので眺めてみてほしい（表1）。

ダーウィンは「転成ノート」と呼ばれる進化論の準備メモに、

> 関係が近いものと遠いものの推移をたどること。
> そうすればこの話（進化論）は完結する。

表 1　フジツボからみたダーウィン年表

年	年齢	
1827 年	18 歳	エジンバラで潮だまりの無脊椎動物観察に明け暮れる.「小型甲殻類を観察するのが楽しい」と知人へ手紙を書く.
1830 年	21 歳	V・トンプソンが，フジツボは甲殻類だという証拠をつかむ．貝類とされていたフジツボが甲殻類と認められる.
1831 年	22 歳	**ビーグル号航海へ出発.** 船内の図書館には当時話題のフジツボに関する論文も持ち込まれていた.
1834 年	25 歳	K・バーメスターが，フジツボの生活環を論文発表.
1835 年	26 歳	チリのコノス諸島でフジツボに似た生物(ツボムシ)を見つけ，船内でスケッチし標本を持ち帰る.
1836 年	27 歳	ビーグル号による 5 年におよぶ航海を終え英国に帰国.
1837 年	28 歳	転成ノート(『種の起原』の準備メモ)にメモをする.
1838 年	29 歳	進化論の元となる論理を考える. ダーウィン監修『ビーグル号航海の動物学』出版開始.
1843 年	34 歳	『ビーグル号航海の動物学』完成.（予定されていた無脊椎動物の巻は出版されず.）
1844 年	35 歳	ほぼ完成した『種の起原』の草稿を棚にしまう.
1846 年	37 歳	『ビーグル号航海の地質学』完成. 11 年前に採集したフジツボに似た生物の標本を新種記載しようと調べ始める．**ダーウィンの F 時代の幕開け.**
1848 年	39 歳	父の死．ダーウィンの体調も悪くなる. ミョウガガイの雌雄同体のオスに，さらに小さなオスがついているのを見つけ，多くの知人に手紙で報告.
1849 年	40 歳	フジツボ研究に没頭し，知人への手紙に「愛しのフジツボ」という言葉を多用．世界中からフジツボ小包が届く.
1850 年	41 歳	長女アニーの体調が悪くなる.
1851 年	42 歳	**『フジツボ総説「化石」有柄類』**の巻を出版. ひきつづき，各方面の知人にフジツボを送ってもらうよう依頼. 長女アニー，10 歳で他界.
1852 年	43 歳	**『フジツボ総説「現生」有柄類』**の巻を出版. ダーウィン自身も数々の体調不良に悩まされる. 行き詰まったときに,「フジツボが嫌いになった」と手紙に書く.
1853 年	44 歳	『フジツボ総説』はまだ半分しか完成していないこの年，英国王立協会よりフジツボ研究が評価されロイヤル・メダル賞を受賞.
1854 年	45 歳	**『フジツボ総説「化石」無柄類』**の巻を出版.
1855 年	46 歳	**『フジツボ総説「現生」無柄類』**の巻を出版. 進化に関するノートを整理し始める.
1856 年	47 歳	アルフレッド・ウォレスが自然選択について書いた手紙をダーウィンに送る.
1858 年	49 歳	自然選択(自然淘汰)による進化学説(進化論)を，アルフレッド・ウォレスと共同で発表.
1859 年	50 歳	**『種の起原』**出版.
1864 年	55 歳	友人のフッカーに,「1848 年のミョウガガイ(有柄フジツボ)のオスについての発見ほど興味深いものはなかった」と手紙に書く.

と書き、全体をぐるりと丸で囲んでいる。「F時代」が始まる九年も前のことだ。

運命の出会い

ダーウィンはビーグル号航海で立ち寄った南米チリのコノス諸島で、アワビモドキという貝の仲間の殻に穴を開けている「殻を持たないフジツボに似た生物」を採集し、詳細なスケッチを残していた。フジツボが甲殻類とされるようになってから数年しか経っていない。そして帰国後、航海から持ち帰った動物学や地質学の本の監修や執筆に追われ、最後に残ったのは、自ら採集したあの「殻を持たないフジツボに似た生物」だった。一一年前からずっと気になっていたこの生物を、新種として発表しようと、調べることにした。

だがいざとりかかってみると、どの仲間にしてよいか悩む。そう、『フジツボ総説』に載っている種で一番ダーウィンが悩んだのは、チリの海岸で見つけたこの生物だった。それも当然で、この生物は現在ツボムシ(尖胸類)と呼ばれ、蔓脚類の中の離れた別のグループに属している、いわばフジツボの遠い親戚筋というような関係のものだった。

世界中からフジツボ小包

Ｆ時代、ダーウィンの自宅はフジツボだらけだった。世界中からダーウィン邸へフジツボ小包が続々と送られてくるのだ。できるだけ多くの種類を調べて比較しようと、博物館の標本をまるごと借りたり、海外の研究者にレンタルを依頼したためだった。航海へ出かける人がいると聞けばフジツボをとってきてもらうようお願いし、貝類や化石のコレクターにはコレクションの中にフジツボがあればぜひ貸してほしいと連絡した。そのようにして世界中から、乾いた標本、アルコール浸けの標本、フジツボの化石が送られてきた。時には届くはずのフジツボがいつまでも届かず、懸賞金をかける準備までしたことがあったようだ。

結果的にダーウィンは、化石と現生の有柄と無柄、合計一万ものフジツボ標本を調べた。

特注の顕微鏡

世界中から続々と届くフジツボを次から次へと丹念に調べあげ、現生のフジツボは細かい解剖を行い、各部分ごとに顕微鏡スライド標本を作成した。薄い切片をつくって観察する技術のなかった当時は、顕微鏡を使って気の遠くなるような細かい解剖を行う必要があった。ビーグル号へ持ち込んだ顕微鏡はあまり使い勝手が良くなかったようで、ロンドンにあるなじみの顕微鏡屋に発注して、ダーウィン仕様の単眼顕微鏡をつくってもらっている。これを使ってフジツボを解剖すると大変仕事がはかどり、あまりの使いやすさに方々の知人にこの顕微鏡は小さい生物の解剖に最適です、と手紙を書いている。顕微鏡会社もたいそう喜び、ダーウィン特別モデルとして商品化した(本章扉絵参照)。

この顕微鏡を駆使して分類し、名のついていないものは次々と新種として発表していった。その中には、日本とゆかりの深い生き物に付着していたフジツボもいる。ヒメエボシというオレンジ色の柄が美しいフジツボの学名には、日本人には興味深いちょっとしたエピソードがある。日本の深い海にはタカアシガニという世界最大のカニがいる。そして、深い海の大型甲殻類によく付着するフジツボがいる。ダーウィンはそのフジツボを新種として一八五一年に発表した。ダーウィンはそのフジツボがタカアシガニの標本についていたことから、学名はタカアシガニの種小名 *kaempferi* にちなんで、*Poecilasma kaempferi* と名付けている。英国に保管してあったカニの標本を調べたのだが、そのタカアシガニの標本は、日本とゆかりが深いかのシーボルトによって採集されたものだ。そのタカアシガニは、現在もロンドンの自然史博物館で模式標本として保存されているそうだ。日本と英国、ダーウィンとシーボルトは、フジツボの縁でつながっているのだ。

愛しのフジツボたち

F時代のダーウィンの書簡にはフジツボに関するものが多く、頻繁に国内外の研究者に手

紙を出しては「私の愛しのフジツボ」について、じつに嬉しそうな文体で報告している（図23）。

フジツボへの熱中ぶりを象徴するほほえましいエピソードも残っている。ダーウィン家の子どもは、フジツボ解剖用にカスタマイズした顕微鏡の前で連日Ｆ解剖に没頭する父を見て育った。子どもたちも喜んでスライド作りの手伝いをしていたという。それがあまりに日常の光景だったため、二男のジョージが近所のラボック家の子どもに「君のお父さんはどの部屋でフジツボするの？」と聞いてしまう。

どの家庭でも父親はフジツボを研究するものだと思い込んでしまっていたのだ。

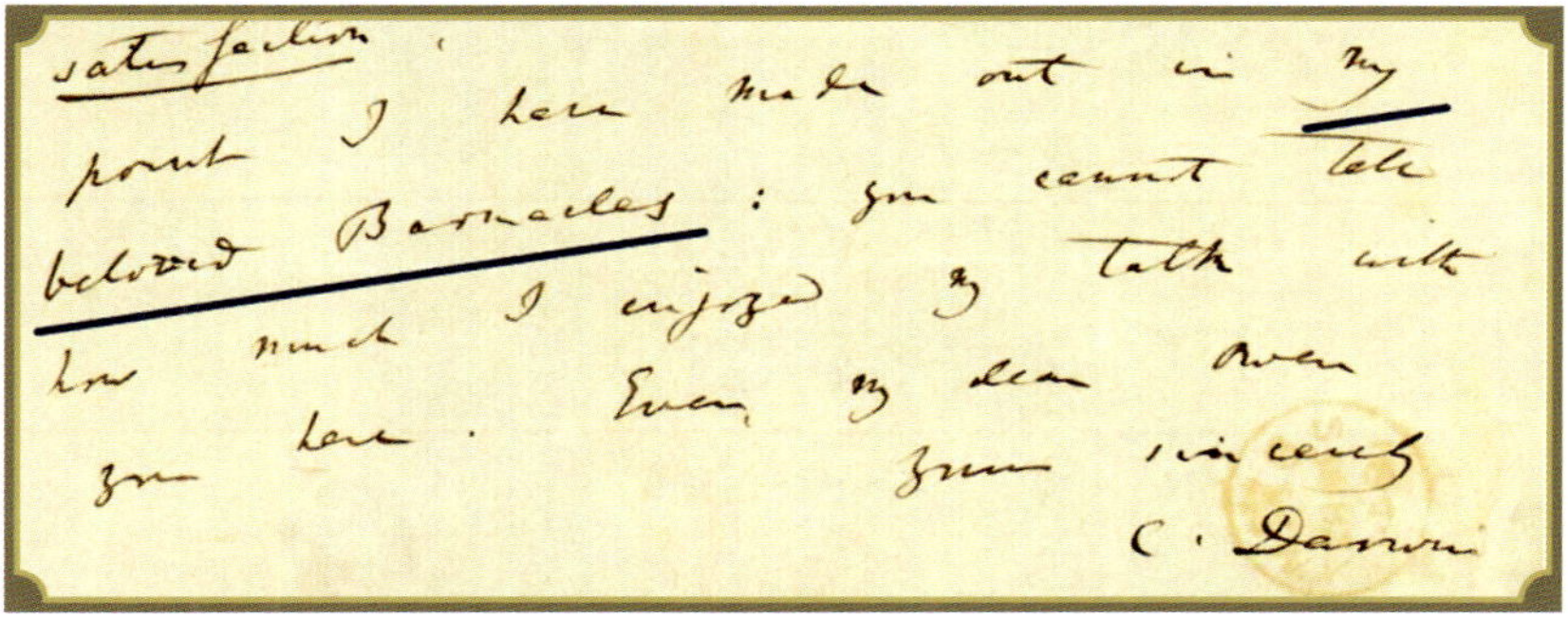

図 23　ダーウィンが動物学の権威であったリチャード・オーウェンに宛てた直筆の手紙．右下に C. Darwin と署名がある．内容は「私の愛しのフジツボについて，大変興味深い発見をしたので，ぜひ次回お目にかかるとき報告させてください」といったもの．下線部に「私の愛しのフジツボ（my beloved Barnacles）」と書いてある．（提供：Archives of The New York Botanical Garden. Charles Finney Cox Collection）

『種の起原』へ

ダーウィンの『フジツボ総説』の出版順序は、Ｆの進化に沿っている。まず柄があるタイプのミョウガガイやエボシガイを、それから比較的新しいグループの無柄類を扱っている。どちらもまず化石を調べて、現世のものを詳しく調べている。比較しながら現生のフジツボの底知れぬ多様さに驚いたダーウィンは「古生代がまぎれもなく三葉虫の時代ならば、現生はフジツボの時代と呼んでもいいくらいだ」と表現している。それくらい現生の無柄目は多様性に富んでいる。アルコールに浸けられた標本も、生きているときの生態をダーウィンに伝えた。乾燥を防ぐために密閉性を高めた種、カニなどの捕食者から身を守るために殻を厚くした種、雌雄同体の種がいれば雌雄異体も、矮小化したオスを体につけたメス……その生態も驚くほど変化に富んでいた。

一八五四年の九月、『フジツボ総説』最終巻の最後の校正を印刷所に送ったその日、ダーウィンは日記にこう記している。

> 種の理論に関するノートを整理し始める。

ダーウィンは自ら書いた転成ノートのメモ書きに従い、関係が近いものと遠いものの推移を地道にたどり、種の理論を完結させた。友人への手紙のなかでも「フジツボこそ自然淘汰に対する理解を深めてくれた」と告白している。フジツボだけで進化の本を一冊書こうかどうか迷って友人に相談していたほどだ。しかし一八五六年、偶然にアルフレッド・ウォレスからダーウィンが温めてきた理論によく似た用語を使った原稿が送られてきたことによって、進化論を急いで世に出すこととなった。

――そして一八五九年、ついに、進化論を記した『種の起原』は出版された。

ダーウィンのF遺産

ダーウィンの信頼のおける友人で博物学者であったトーマス・ハクスリーがダーウィンの死後、息子フランシスに宛てた手紙のなかには「君の父が蔓脚類の分類に費やした数年間ほど有益な期間はなかったでしょう」とある。

ダーウィン以前のフジツボ学は、すべてが解明されていないことだらけ。構造だけでなく、同じ種に二つ以上の名前がついていたり、違う種に同じ名前がついていたり、混沌としていた。地質学に通じていたダーウィンは、化石の「形」は過去の生物を知るための情報源として最も基本的かつ普遍的なものと知っていた。バラバラの状態で見つかる殻を現生のものと比較して種を割り出す手法は、じつに画期的なものだった。

ダーウィンのF時代の研究成果には、一五〇年以上経った今では間違いとされていることも多い。だが、分類とは種の多様性を仕分けする作業であることは今も変わらず、現在のフジツボ研究は間違いなくダーウィンが築いた基盤の上に成り立っている。

COFFEE BREAK

フジツボになりたかった魚たち？

生物はときに、まったく違う種類の生物に似ていることがある。ダーウィンも関心を持っていた「擬態」というテーマはおもしろい。

背骨のある生物にはいまいち興味がわかない私だが、クチバシカジカという魚が気になる。なにしろその魚、フジツボにそっくりなのだ。頭のとんがり具合は蓋板、胸ビレは蔓脚そのものに見える（図24）。

他の人の意見もききたくなり、宮城でクチバシカジカの英名「Grunt Sculpin」というダ

イビングショップを経営する佐藤長明さんに問い合わせてみたところ、「フジツボに擬態していると思います」との答えが嬉しかった。北米産大型フジツボの死んだ後の殻には、いろいろな生物がすんでいるという(図25)。バーナクル・ブレニィ(直訳するとフジツボ・ギンポ)と呼ばれるものまでいて、そのフジツボ的容姿は二通りに役に立つ。天敵に対しては「ただのフジツボですよ」と身をかくし、無害なフジツボだと思って近づいた小さな生物をパクッと食べる。さらにフジツボ系の魚たちは空いたフジツボの中に卵を産んで世話をするのだそうだ(図25)。大きくて丈夫な殻は、フジツボが死んだ後も魚類、エビ・カニ類、貝類、イソギンチャク、ゴカイ、カイメン、コケムシ、

図24 クチバシカジカ
Rhamphocottus richardsoni
①フジツボの殻にクチバシカジカが入っているところ(3匹)
②クチバシカジカの胸ビレ
③フジツボの蔓脚

そして、あの驚異の生物クマムシなどのすみかになる。殻が風化してバラバラに砕けても、波でフジツボ殻が集まる場所があり、そこではまた違った生物たちに再利用されているという。

フジツボからはじまる生態系――クチバシカジカをきっかけに、とってもいい話を聞くことができた。

図 25　フジツボの殻を利用する魚たち.
①④イソギンポ *Parablennius yatabei*
②ムシャギンポ *Alectrias benjamini*
③タテガミギンポ *Scartella cristata*

4

文化とのつながり

そしてすべてはフジツボに
もしくはサルに変わるだろう

シェークスピア
（ロマンス劇テンペストの一節）

飛行機の窓から撮影された富士山

前章までは、生物としてのフジツボの科学的な話題を中心に紹介してきた。しかしじつはフジツボには、文化的なアプローチからも魅力的な話題が豊富である。本章では、そうしたフジツボの古今東西、文化的話題を紹介しよう。

江戸時代の本草画とF

江戸時代、日本では「本草学《ほんぞうがく》」という独特の学問が花開いた。もともと八世紀ごろに中国から伝わってきた薬草学が、長い年月をかけて日本流に変化したものとされている。もとが外国語の書物なので、日本で同じように植物を薬として利用するには、そこに書かれている薬草が日本のどの草に相当するのか「種を同定する」ことが必要だった。それを調べるには同時に日本各地でその植物がどのような俗称で呼ばれているのか、食べても大丈夫か、薬としての効果があるのかなどを総合的に調査する作業が必要となる。日本ではその作業が、動物、きのこ、岩石、虫など数多くのテーマに波及し、本草学が形作られた。博物学色の強い図譜がたくさんつくられたのもこの時代だ。それらの図譜には、墨だけのシンプルなものもあれば、日本画の顔料で鮮やかに描かれているものもある。陶器のように澄んだ白い部分に

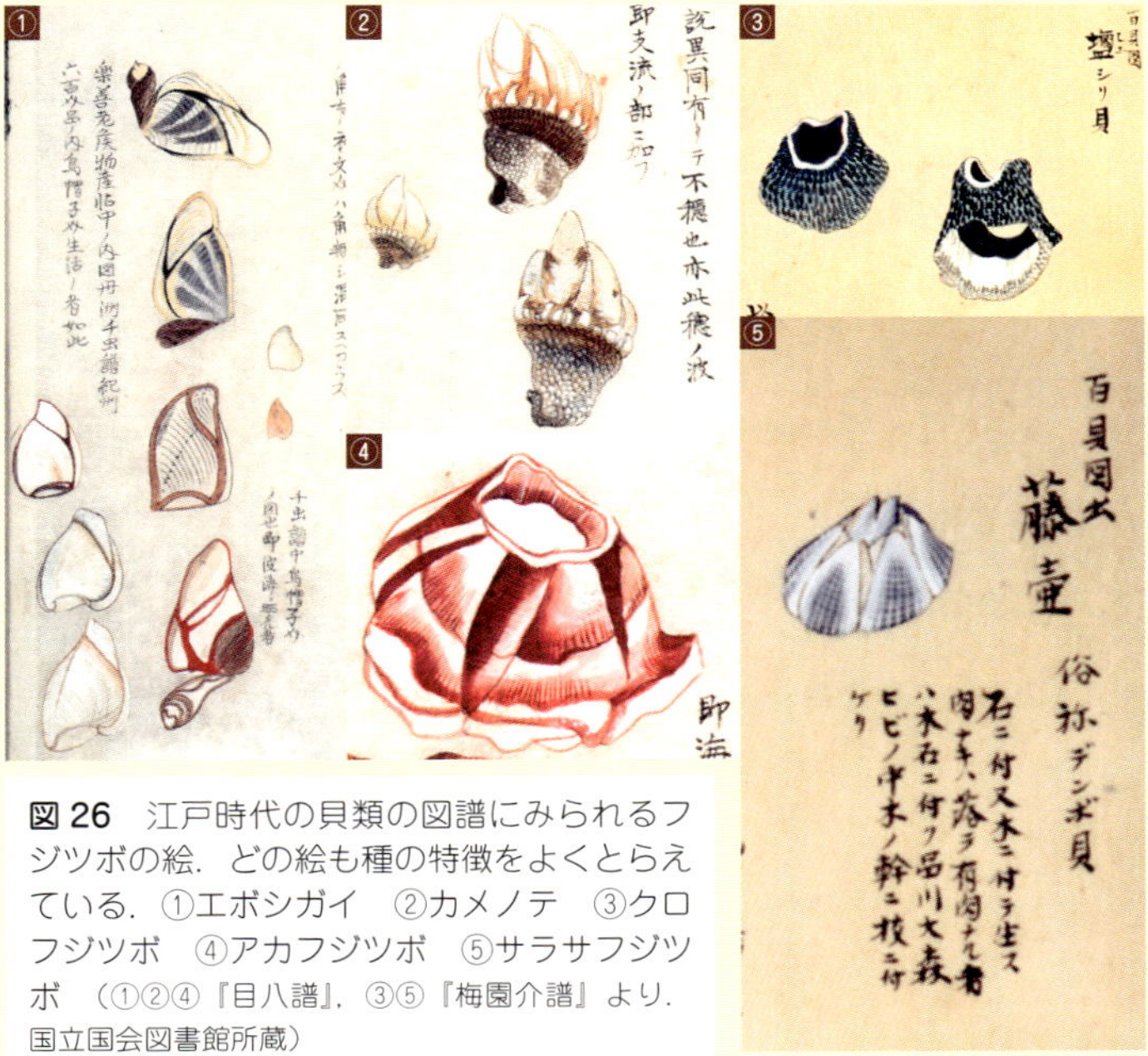

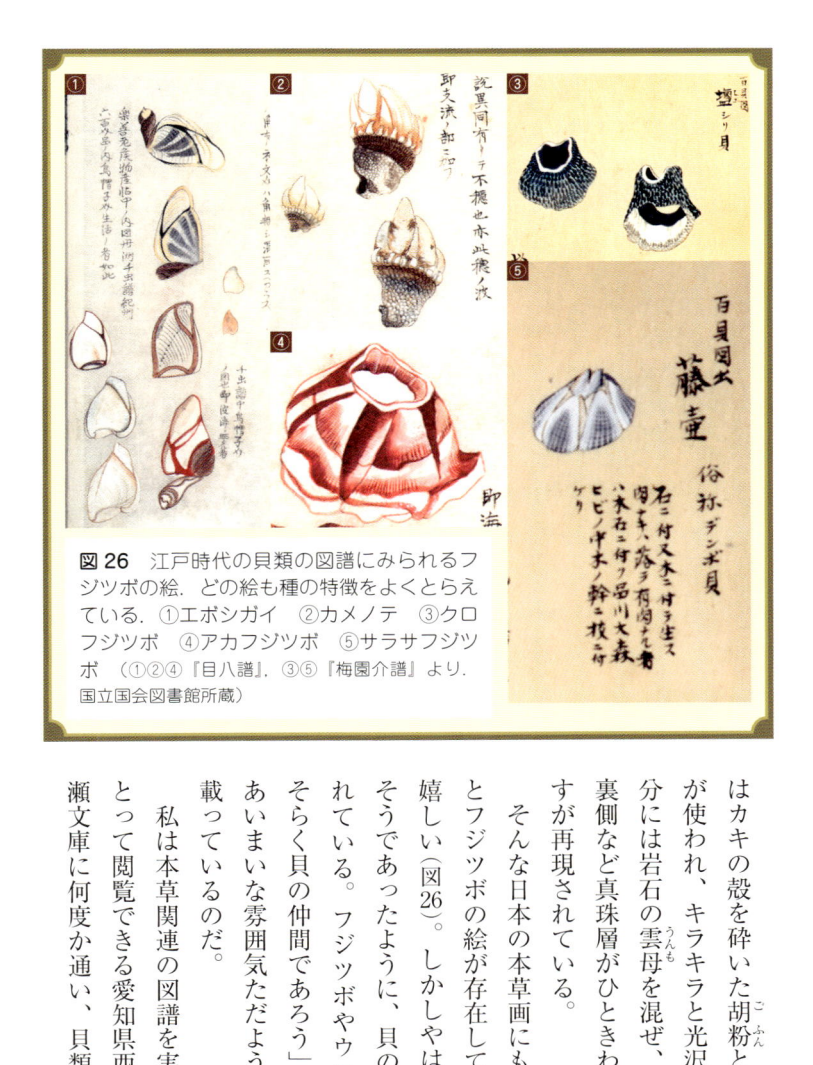

図 26　江戸時代の貝類の図譜にみられるフジツボの絵．どの絵も種の特徴をよくとらえている．①エボシガイ　②カメノテ　③クロフジツボ　④アカフジツボ　⑤サラサフジツボ　（①②④『目八譜』，③⑤『梅園介譜』より．国立国会図書館所蔵）

はカキの殻を砕いた胡粉《ごふん》という顔料が使われ、キラキラと光沢のある部分には岩石の雲母《うんも》を混ぜ、アワビの裏側など真珠層がひときわ輝くようすが再現されている。

　そんな日本の本草画にも、ちゃんとフジツボの絵が存在しているのは嬉しい（図26）。しかしやはり西洋でそうであったように、貝の仲間とされている。フジツボやウニは、「おそらく貝の仲間であろう」といったあいまいな雰囲気ただようページに載っているのだ。

　私は本草関連の図譜を実際に手にとって閲覧できる愛知県西尾市の岩瀬文庫に何度か通い、貝類図譜を何

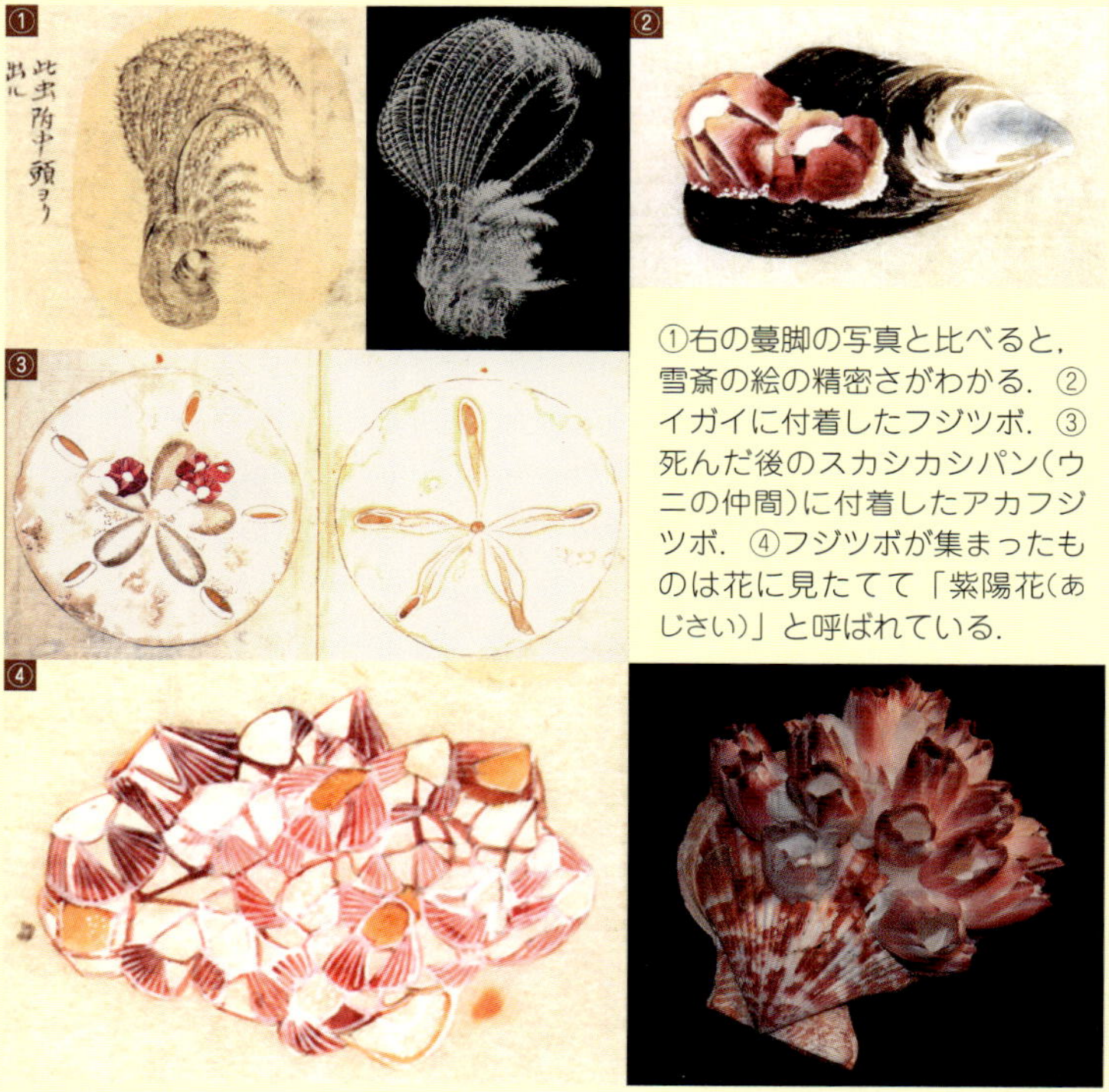

①右の蔓脚の写真と比べると，雪斎の絵の精密さがわかる．②イガイに付着したフジツボ．③死んだ後のスカシカシパン（ウニの仲間）に付着したアカフジツボ．④フジツボが集まったものは花に見たてて「紫陽花（あじさい）」と呼ばれている．

図 27　『目八譜』の服部雪斎による図．（国立国会図書館所蔵）

種類も見てみたことがある。たいていのものが複数の巻で構成されているが、すぐにどのあたりの巻にフジツボが載っているか目星がつくようになった。最終巻から逆にみていくとすぐにたどりつく。たいていの順序は巻貝、二枚貝、そして最後のほうに、何の仲間にしたらよいか少々悩む生物がまとめて載せてあるようだ。

一八四五年発行の『目八《もくはち》譜《ふ》』は、一〇〇〇種近くの貝類を扱った当時最大の貝類図譜である。「目八」という図譜の名前は漢字の「貝」を上下二つに分けたもので、江戸時代の人のユーモアを感じる。この図譜の画を担当したのは服部雪斎らで、フジツボの蔓脚の細かい描写がされているもの、他の貝類やウニの殻などに付いているものなど、ことのほか見事だ(図27)。

ところで一五巻におよぶ『目八譜』の最終巻は「粘着類」の巻だ。「○○に粘着した××」が何十ページにも及ぶ。「付着・粘着・接着」というキーワードに惹かれる私には、たまらない巻だ。しかし、個々のタイトルだけで肝心の絵が空白のままの箇所が五三ある。真相はわからないが、『目八譜』を著した武蔵石寿は、フジツボが付いた○○、フジツボが付いた△△……と膨大な付着系の標本を所有していたのではないか？　絵師のほうは、ひたすら違った付着面についているフジツボばかりを描かされたのではたまらない、と途中で逃げ出したのではないか？　そんな光景が浮かんでくる。何ページも空白が続いた後、ひょっこり珍しい貝に付着したフジツボが描かれていたりするのも、おもしろい。珍しい貝に付いているものは描きがいがあったのか、武蔵石寿が「これだけは描いてくれ」と嫌がる服部雪斎にたのみこんでその部分だけ描いてもらったのか。そんなやり取りを想像するとなんとも愉快だ。

藤壺と夕顔

フジツボの漢字表記に、「富士壺」と富士の字があてられるようになったのは、おそらく鎌倉時代以降。紫式部が藤壺の宮からフジツボを連想したかは不明だが、源氏物語が書かれた一〇〇〇年前、海のフジツボを表す漢字は「藤壺」だった。おそらく漢字と一緒に中国から藤壺という言葉が伝わり、海辺のFには藤壺という漢字があてられていた。台湾のフジツボ研究者ベニー・チャン博士に問い合わせてみると、中国語でフジツボは藤壶（または藤壺）と書くそうだ。そういえば、台湾の海岸でもよく見かけるクロフジツボの仲間は、殻の表面に籐製品のような風合がある（図28）。もしくは、植物の藤はツル性なので壺状の生物から出ている蔓脚を見て藤壺と表したのかもしれない。

ところで、陸の動物にもまれに白いタヌキやカラスがいることがあるが、アカフジツボには比較的高い割合で白い個体が見られる（図29）。『目八譜』では普通のピンク色をしたアカフジツボを藤壺、白いアカフジツボを夕顔と呼んでいる。『目八譜』の他にも多くの貝類図譜の中で、藤壺、夕顔という呼び名が使われていることから、源氏物語の藤壺、夕顔にちなんで呼んでいたのかもしれない。

図28　クロフジツボの殻と，籐製品の表面．中国ではフジツボを「藤壺」と書く．語源はクロフジツボにあるのかもしれない．

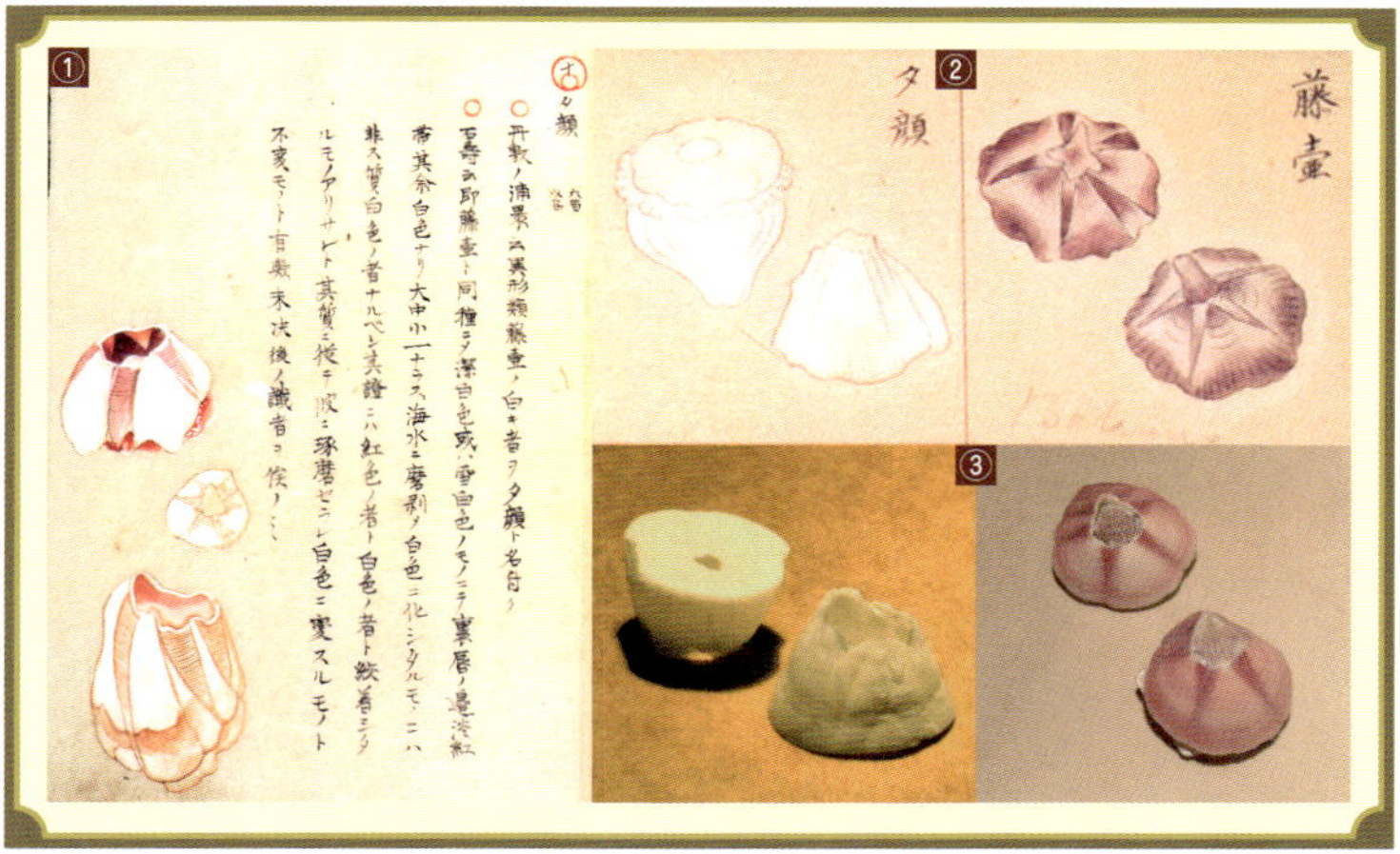

図 29　①夕顔．藤壺の白いものと解説がある（『目八譜』より）．②藤壺と夕顔（『群分品彙』より）．③アカフジツボと白い個体の写真．（①② 国立国会図書館所蔵）

図 30　源氏物語五十四帖の各タイトルを貝にたとえた絵（『梅園介譜』より．国立国会図書館所蔵）．

同じく、江戸時代の図譜『梅園介譜《ばいえんかいふ》』には、源氏物語の五十四帖それぞれのタイトルを貝にたとえたものが載っている。ほとんどが貝類だが、蔓脚類もまざっている。源氏物語十四帖の澪標《みおつくし》はカメノテ、十五帖の蓬生《よもぎう》はクジラに付くオニフジツボ、十六帖の関屋《せきや》はクロフジツボの絵だ(図30)。

江戸時代のフジツボも、今とまったく同じように岩にびっしりと群生していたはずである。なのに「きもち悪い生物」としての扱いは受けていないばかりか、美しいものとして認知されているように感じるのは、私だけであろうか?

鳥になるフジツボ

西洋にもフジツボに関する噂はあるが、決して気味の悪い話ではない。興味深い話としては、一一世紀から、神話として言い伝えられているものがある。信じられないことに、神話では「フジツボは鳥類」として扱われていたのであった。

エボシガイのしなやかな柄は、ガンやカモの長い首に似ている。エボシガイを英語ではgoose barnacle(直訳するとガン・フジツボ)という。ヨーロッパではフジツボが育つと鳥になると考えられていたのだ。内容はともかく由緒正しい話で、アリストテレスも、海辺に生える木から鳥が産まれるという話を書き残している。キリスト教バージョンの話では、木か

バーナクル・グース．北極に近い断崖絶壁で繁殖する．長らく繁殖地が謎で，誰も実際の卵を目にしていなかったことが神話の信憑性を高めた．和名はカオジロガン．

図 31

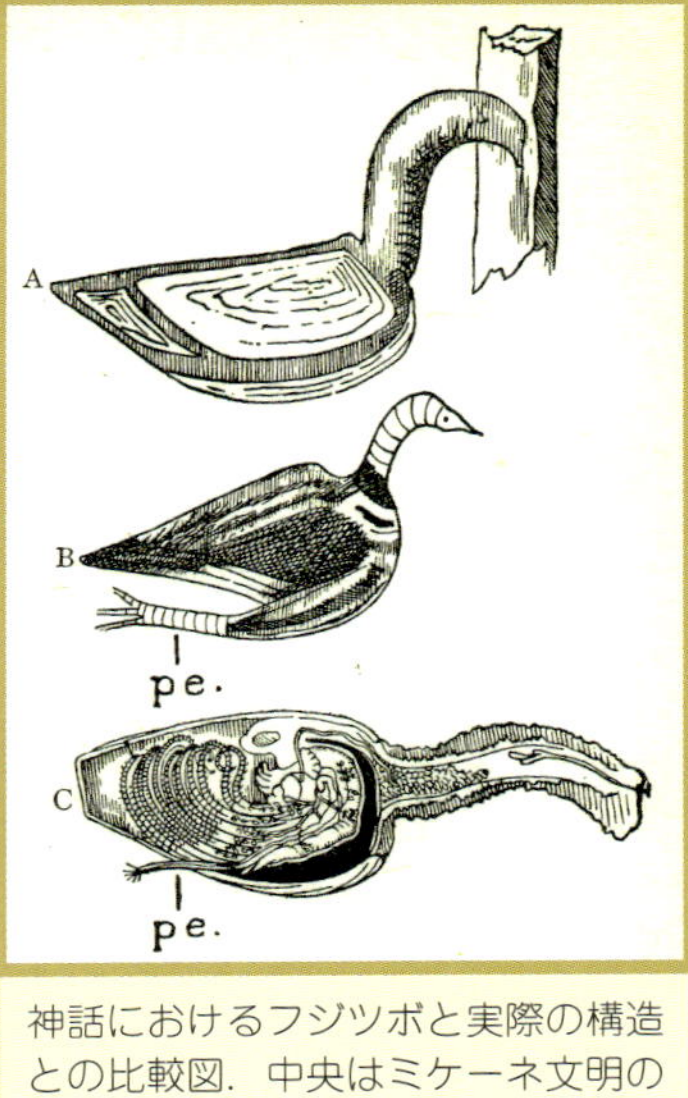

初期のバーナクル・グース神話を絵にしたもの．クロード・デュレ『植物と薬草の偉大な歴史（Histoire admirable des plantes et herbes esmerveillables et miraculeuses en nature, 1605）』より．

神話におけるフジツボと実際の構造との比較図．中央はミケーネ文明の陶器の模様になっているバーナクル・グース．レイ・ランケスター卿『博物学者のより道（Diversions of a naturalist, 1915）』より．

ら生まれた鳥が海に落ちると元気に飛び立つという。人間も洗礼（水）を受けると幸せになるとほのめかしているのである。

それはともかく、海岸に打ち上げられているエボシガイを昔の人も目にしていたのだろう。殻を開いてみると、羽根状のものが入っていることに驚いたようだ。そう言われてみればフジツボの蔓脚は、江戸時代の図譜にも「羽毛の如き者」と表現されていた。実際にバーナクル・グース（直訳するとフジツボ・ガン）という水鳥がいるが、この鳥は一九世紀までフジツボから生まれると信じられていた（図31）。

なお、この神話、キリスト教の断食期間に肉を食べるための言い訳として重宝された。断食中は、基本的には卵や肉は食べられないが、魚貝類は食べてもよい食品だったのである。フランスのソルボンヌ大学の医師たちが「はい。確かにこの鳥はフジツボが大きくなったものです」とお墨付きを与えたりしている。日本でも四足の動物を食べてはならない規律に対して、ウサギを「一羽・二羽」と数えて鳥だということにした、クジラを魚とみなした、イノシシは山で捕れたクジラ＝魚である……。どこにでも、同じような言い訳があるものだ。

西洋の博物図譜にみるF

第3章で紹介したように、フジツボは一八三〇年まで貝の仲間にされていた。一八世紀後

半から一九世紀にかけてのフランスは、博物学の黄金時代であった。博物学者ビュフォン、比較解剖学のキュビエ、無脊椎動物のラマルクなど屈指の学者が活躍していたその時代、極めて豪華な彩色図譜が発行された。そしてフランスの博物学研究は他のヨーロッパ諸国にも波及していく。

ヨーロッパにおける博物学で最も人気が高かった分野のひとつに貝類学がある。当時の図譜は繊細な銅版画に一つ一つ手彩色がほどこされたものだ。そんな豪華な貝類図鑑の図版にフジツボの絵を見つけることができる。分類は間違っていても殻の構造や内部の様子が詳細に描かれており、見ているだけで心拍数が上がってしまう。代表的なものを、紹介しよう（図32－36）。

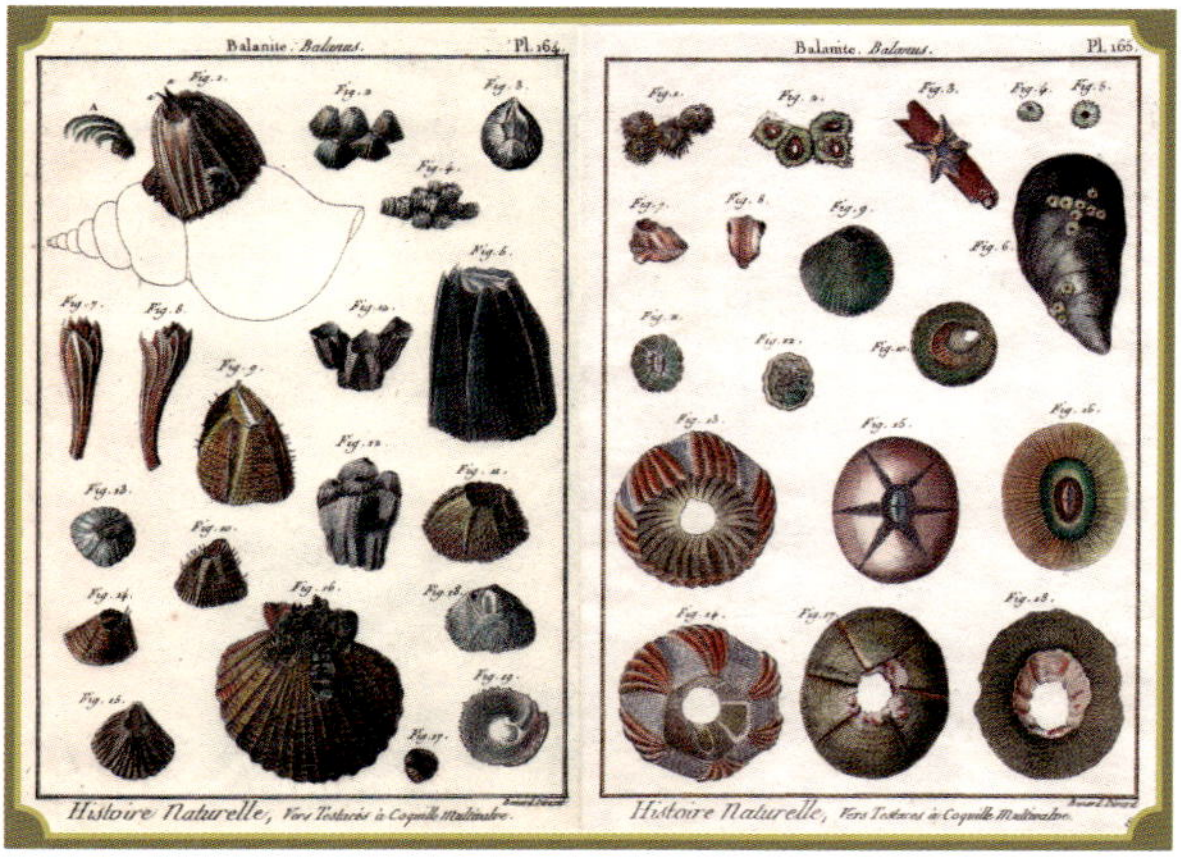

図 32 パンクックの『系統的百科全書（Encyclopédie méthodique par ordre des matières, 1789・1832）』の中のフジツボ．貝類の解説文はラマルクによる編集．彩色は発行後に絵師らが自由に行ったので正確さに欠けるが版画は細部にわたり見事だ．

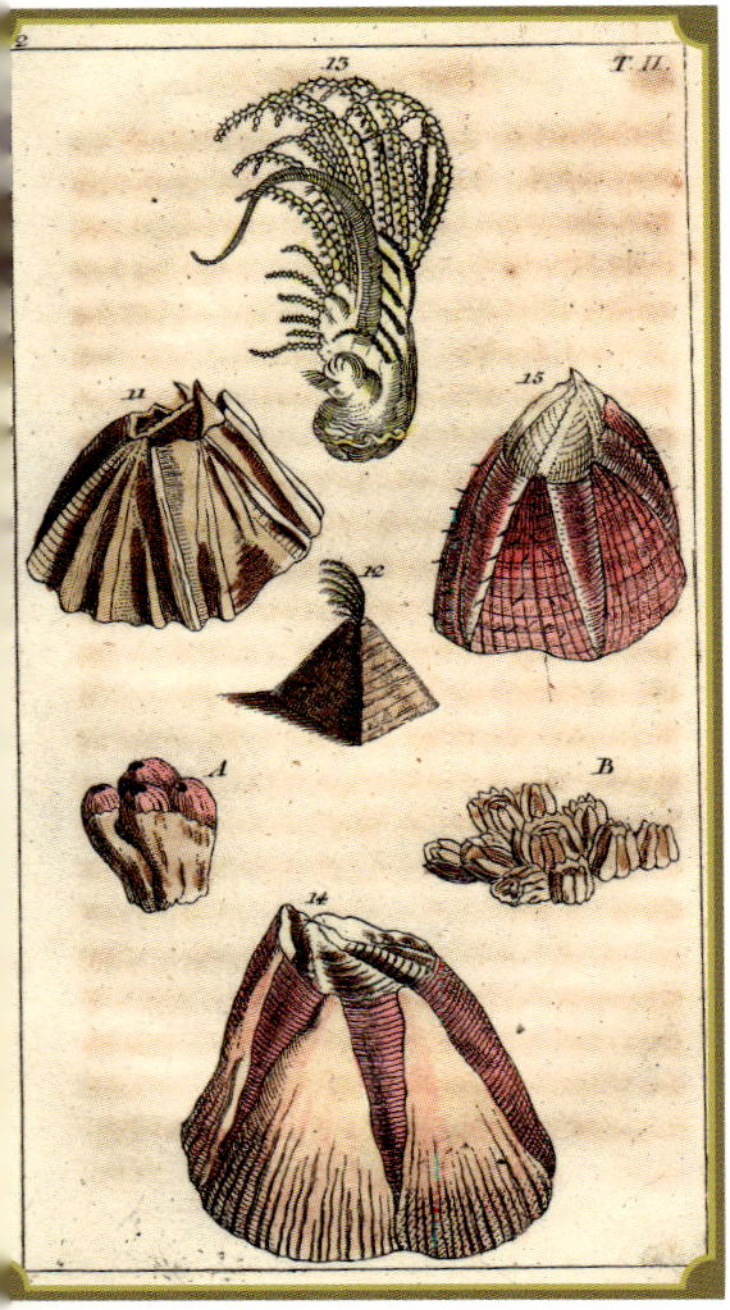

図 34　ドイツの博物学者ヴィルヘルム『自然史対話(Unterhaltungen aus der Naturgeschichte, 1815)』(動植物・鉱物などを扱った全 27 巻の百科事典)の中のフジツボ．挿絵はすべて銅版画に手彩色をほどこしてある．

図 33　200 年以上前に刊行された英国の博物図譜『博物学者の雑録(The Naturalist's Miscellany)』のエボシガイ．左下は軟体部．絵師フレドリック・ノッダーの美しい図と博物学者ジョージ・ショウの英語とラテン語による解説．

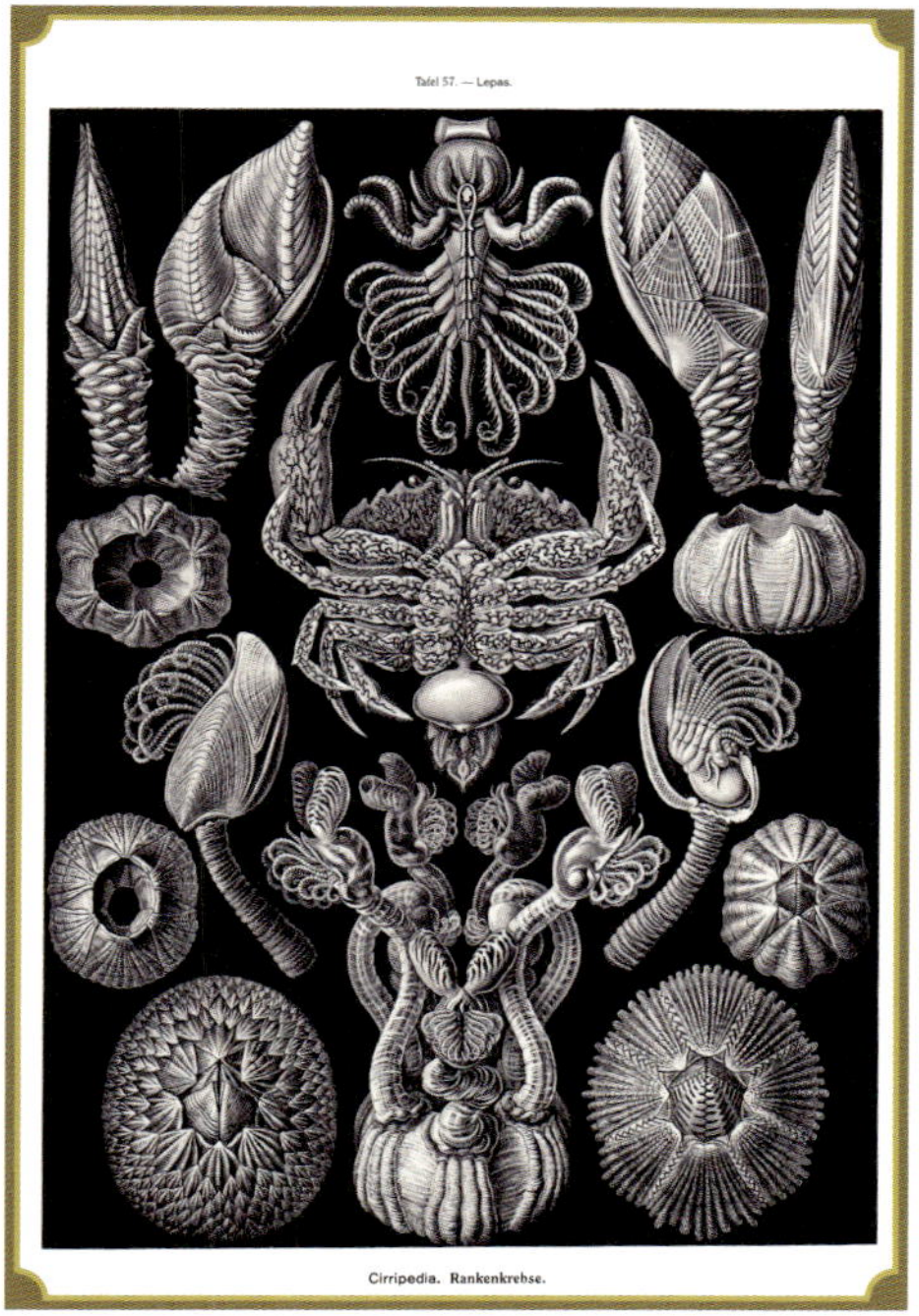

図 36　ヘッケル『自然の芸術的形態(Kunstformen der Natur, 1904)』の蔓脚類の図．フジツボが甲殻類と広く認められた後の絵．中央には蔓脚類に近縁の根頭類(フクロムシはカニに寄生する)も描かれている．

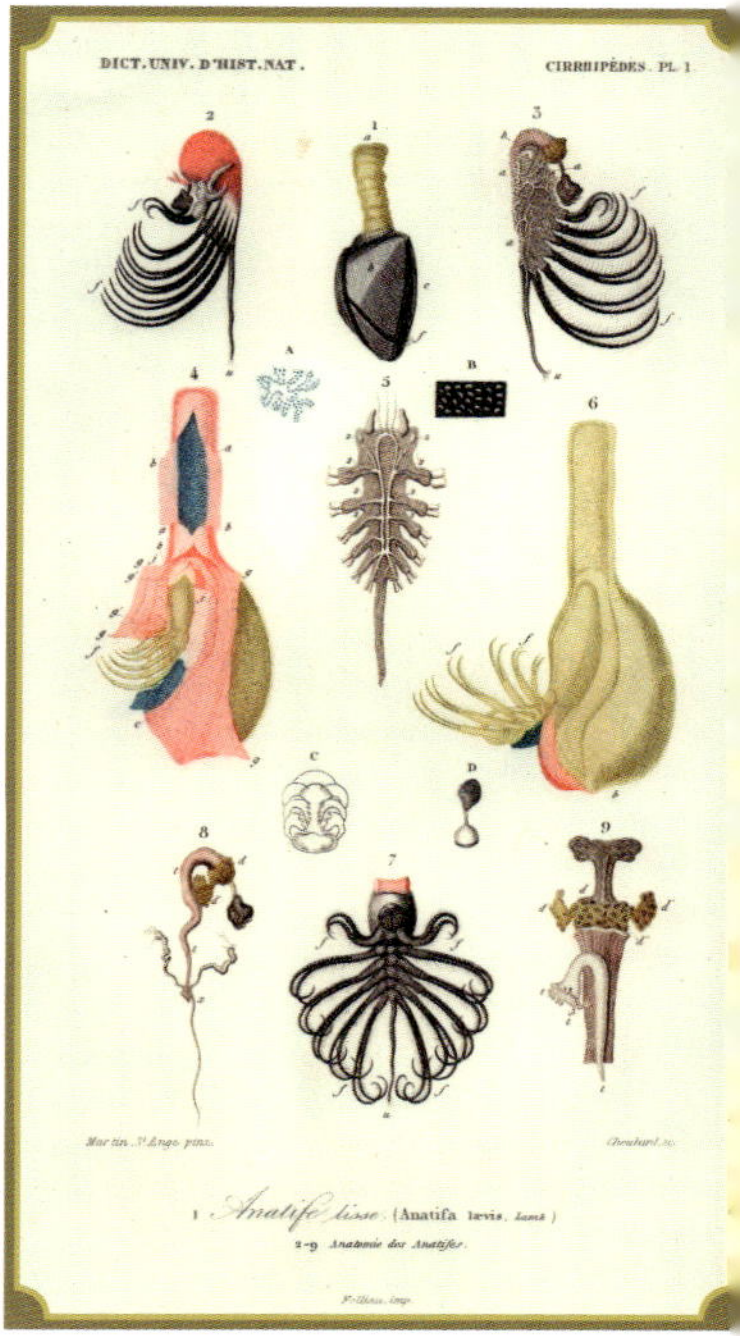

図 35　ドルビニの『万有博物図鑑(Dictionnaire Universel d'Histoire Naturelle, 1849)』より．フジツボの軟体部が詳しく描かれている．

図 37　ビクトリア時代の人々の海洋無脊椎生物観察ブームを風刺したジョン・リーチによる木版画「潮がひいた岩礁でよく目にすることができるもの」.『パンチ(Punch, 1858)』というビクトリア時代を代表する風刺漫画入りの週刊誌に掲載された.

ビクトリア朝の海洋生物文学

英国ビクトリア時代の紳士淑女と磯の風景、というと、イメージ的に結びつかないが、当時の婦人はふんわりとしたスカートをはいたまま海岸を歩いた。しかもここでいう「海岸」とは岩礁のことで、砂浜をレースの日傘をさして優雅に歩くというのではない。着飾った婦人が海藻をひっくり返して巻き貝を観察したり、岩礁にできた潮だまりをのぞきこんだり、色あざやかなイソギンチャクやヒトデ、ゴカイなどを愛でるという、にわかに信じがたいブームがまきおこっていたのだ(図37)。

一八五〇年代英国では鉄道網が各地に敷かれ、それまで容易に行くことができなかった地にも人々が出かけるようになった。鉄道の路線はたいてい都心から国の端に向ってのびており、海に囲まれている英国では必然的に行き先が終着駅の海沿いの町となる。当時の博物学の大流行と鉄道の普及が相まって、自然科学、特に海岸の潮だまりなどに生息するウニ、ヒトデ、フジツボなどの奇妙な無脊椎生物への関心が高まっていた。博物学的雑学を知っているとちょっとオシャレ、休日には海辺の生物の本を持って海岸の町へ……。そんな人々を意識して、海の生物のフィールドガイド的な本が数多く出版された。だがその多くは、キリスト教色の強いものであり、海岸に生息する美しいイソギンチャクやゴカイなどの生物は神様が創造したもの、と最後のしめくくりに神が登場した。

図鑑では生物の形を正確に伝えること

図 38　ゴッス『渚の一年(A year at the shore, 1865)』のフジツボの挿絵. ビクトリア朝の英国では, イソギンチャク, ヒトデ, ゴカイ, カサガイなどの無脊椎生物が登場する本が多数出版された.

が重要だが、海洋生物文学では挿絵に登場するイソギンチャクやヒトデが生け花のように美しく配置され、芸術的なものが多い。「生物のしくみ」は二の次で、いかに素晴らしく美しい生物を神が創造したかを称えているようだ。

当時の海洋生物文学に貢献が大きいのはフィリップ・ヘンリー・ゴッスという人物だ。色鮮やかなイソギンチャクなどの美しい挿絵入りの著書を数多く出版している(図38)。ゴッスは一八五三年にロンドンで水槽の展示を初めて行った。人工海水で海の生物を屋内で飼うことを可能にし、当時の英国人の間で水槽を持つことが流行したという。ゴッスは「アクエリアム」(水槽)という言葉を初めて使った人としても知られる。このような海洋生物の本で、さらに海辺に出かける人が増えたのだという。

ノーベル賞詩人のフジツボ・ポエム

文学には、詩も欠かせない。南米にある細長い国・チリ共和国に、パブロ・ネルーダというノーベル文学賞を受賞した詩人がいた。メタファー(隠喩)を多用した詩人として知られ、ピコロコ(南米の巨大フジツボ、図39)というタイトルの詩を残している。チリの公用語はスペイン語なので詩もスペイン語だ。チリのフジツボ研究者に英訳してもらったが、隠喩を多用した彼の詩は難しいらしい。それを日本語に訳してみた。

ピコロコ

幽閉される身の上
牢獄の塔
蒼い爪をとりだし
打ちつづける
あきらめと苦悩

塔の中はたおやか
白亜の趣
秘密はたもたれる
誰にも明かされず
ひんやりとしたゴシック式の城

パブロ・ネルーダ　津波（一九六八）

図 39　南米の大型のフジツボ，通称ピコロコ（*Austromegabalanus psittacus*）．背板に長い爪状の突起があることから，学名に鳥のくちばしを意味する *psittacus* がついている．

切手やカードに見るF

この巨大フジツボ・ピコロコ、じつは切手にもなっている。フジツボに関するものなら何でも気になる私は、ウミガメやクジラの切手を見つけると、その小さな絵の中に付着しているフジツボが描かれていないものかと探してしまう。だがクジラが主役の場合、フジツボが描かれているものには、めったにお目にかかれない。

しかし、フジツボを主役として切手の絵柄にしている素敵な国がある。私が知る限り、フジツボ切手発行国は、西アフリカのセネガル共和国、トーゴ共和国、アフリカ南西部のアンゴラ共和国、英国領のフォークランド諸島そして南米のチリだ。セネガルは、なんとエボシガイとカメノテの二種類を発行している。そしてチリが巨大フジツボ、ピコロコの絵柄だ（図40）。

図 40　フジツボ切手．上段：アゼルバイジャンのウミガメ切手にはＦがたくさん付いている／カリブ海のセントビンセント島のＦ付きクジラ切手．中段：トーゴ共和国のエボシガイ／アンゴラ共和国のタテジマフジツボ類／フォークランド諸島のエボシガイ／チリのピコロコ．下段：セネガルのエボシガイとカメノテ切手．

ところで、一九世紀中ごろの欧米諸国では、煙草屋の周りで子どもたちが目をかがやかせて店から出てくる大人を待ちかまえていたという。目当ては「シガレット・カード」と呼ばれる煙草のおまけのカード。パッケージの補強に小さな厚紙が入れられたのを機に、宣伝目的で様々な絵柄が描かれるようになった。裏面には、ほほぅと思わせるようなミニ知識が印刷されていることが多い。煙草会社としては同じ銘柄の煙草を長く買い続けてほしい。それぞれの銘柄は、思わず集めたくなるような魅力的なシリーズで購買欲をかきたてた。世界の国旗、世界の船、銀幕の俳優、歴史上の人物、名所旧跡、世界の蝶、鳥、海の動植物……テーマは多岐にわたり、

図41　①銘柄：Hignett．発行年：1924（大正13）．枚数：25．シリーズ名：「海辺で目にするものたち（Common Objects of the Sea-Shore）」
②銘柄：Will's．発行年：1938（昭和13）．枚数：50．シリーズ名：「海岸（The Sea-Shore）」
③銘柄：John Player and Sons．発行年：1904（明治37）．枚数：50．シリーズ名：「深海のふしぎ（Wonders of the Deep）」

二〇〇〇近くのシリーズがあったという。生き物関連は、海に関係したシリーズが豊富だ（図41）。その後、第二次世界大戦中に紙が貴重なものになったため、煙草会社はカードを廃止していった。現在は切手のようにコレクターのアイテムになっている。

キロ三〇〇〇円の高級食材

フジツボは食べてもおいしい。海に近い地方では昔からカメノテやクロフジツボが食べられてきた。私は夏になるとカメノテを取り寄せて、冷凍庫に常備している。カメノテはお味噌汁に入れると、ほのかに甘い磯の香りのとてもよい出汁がとれる。「柄」の部分をパリッとひねると、桃色がかった身があらわれる。食べ始めるとカニを食べるときのようについ無口になり、やはり甲殻類なんだなぁ、とうなずきながらパリパリむき続ける。

「柄の無い」フジツボとしては、日本では大型に育つミネフジツボが食用とされる。築地で殻付きキロ三〇〇〇円ほどの値で取引される高級食材だ。東北などでホヤなどの養殖のための浮きやロープなどに付いて何年もかかって育ったものが市場に出ている。最近は珍味として注目されているので、陸奥湾などで養殖も少しずつ行われている。食感はホタテのようで、エビとカニみそを混ぜたような風味がすばらしい。

フジツボ・スープと「ピコロコ・すくすくプロジェクト」

日本では「高級食材」のフジツボだが、チリでは市場にフジツボが玉ネギのように山積みになっているという。さきほどのパブロ・ネルーダの詩にも出てきた巨大フジツボだ。「ソパ・デ・ピコロコ」と呼ばれる郷土料理は直訳すれば「フジツボのスープ」、小さめの土鍋に巨大フジツボがゴロゴロと五個くらい入っている（図42）。スープの中の巨大フジツボは蓋板が付いたままで、ピコロコの蓋板にはするどい爪に似た突起が付いており、蓋板が付いたままスープになった姿は怪物の手の煮込みといった迫力だ。しかし、この突起は「カニの爪フライ」的に使うと便利で、アツアツのスープからこの突起の部分をひょいっとつまんで取り出せば、白くてやわらかな身が火傷をせずに食べられる。磯の香り豊かな極上のスープだ。

図 42　フジツボのスープ，南米のチリの郷土料理「ソパ・デ・ピコロコ」．

　天然資源を守るため、チリでは漁業関係者と研究者の共同でピコロコ・すくすくプロジェクトが行われている。

図 43　チリのピコロコ養殖.
大学などの研究機関と共同で養殖技術の改良が進められている.

日本のカキ養殖の技術を応用して、フジツボをより効率よく整った形に育てる技術開発を行ったのだ。養殖フジツボは、南極からの冷たい海流が育んだ豊かなプランクトンをたくさん食べて大きくなる（図43）。

私をアミーゴ（友達）と呼ぶチリの水産会社社長のホセさんは、日本にピコロコの輸出を考えている。数年前、市場調査のためピコロコを持って築地にやって来たホセさん、魚河岸の人々にピコロコの印象を聞いてみたそうだ。はるばる地球の裏側から巨大フジツボを持参したというのに、「大きすぎてコワい」と不評だったという。

「見た目の怖さをクリアできれば……」と考えたホセさん、二年もののおちょこサイズのピコロコを輸出することに決めた。おちょこサイズの殻付きピコロコに日本酒をそそぎサザエの壺焼き風に焼くと格別なのだそうだ。缶詰にする試作もしているそうで、送ってくれた。缶を開けると白いコロコロとした丸い身がたくさん入っている。見た目はホタテの貝柱、風

味はカニに近い。商品化するかどうかは未定ということだが、日本のお中元売り場のカニ缶のとなりに、フジツボ缶が並ぶ日がくるかもしれない。

COFFEE BREAK

屋台店主のスフィンクス的質問

海を泳いでいるフジツボの子は大人のフジツボから出るある種の「におい」にひきよせられる。ケミカル・シグナルというものだ。そんな「におい」に、私もひきよせられることがある。

　極上の魚介を焼いている店があると聞き、その界隈に用事があった帰り、勘をたよりに探してみた。おいしそうな「におい」が建物の隙間からただよってきている。ここに違いない。看板もない店の戸をガラガラと開けてのぞいてみると、建物の中に屋台の車が置いてある変わった店だった。足を一歩踏み入れようとすると、薄暗い店の奥から店主らしき人物があらわれた。鋭い目つきで「ヨヤクは?」と聞く。「予約がいること、知りませんでした」と小声で答えると、「うちはヨヤクがないとダメなんだよ、築地からその日の客の数で見積もって貝を仕入れているからね」。目の前で戸を閉められそうになった瞬間、店の奥に並んでいるケースに、ミネフジツボらしき殻のかたまりがチラリと見えた。思わず私は「あっ、ミネフジツボ……」とつぶやいた。

店の中に戻りかけていた店主はびっくりして振り向き、そして低い声でゆっくりと言った。

「もし、フジツボの名前を一〇種類言えたならば、特別に今日は通してやろう」

この質問には答えられまい、という余裕に満ちた店主は、ピラミッドの前に座るスフィンクスに見えた。ピラミッドはフジツボに見えなくもない。いや、謎かけするのはギリシャ神話のスフィンクスだったか？　そんなことを考えているうちに、店主の顔には「もう戸を閉めるぞ」と書いてある。

「……えっと、チシマフジツボ、アカフジツボ、イワフジツボ、クロフジツボ、ヨツカドヒラフジツボ、ムツアナヒラフジツボ、ミョウガガイ、サンカクフジツボ、サラサフジツボ……う〜ん、エボシガイ」

とりあえず急いで一〇種言った。店主は目を見開いて、「ナニ?!　入って、ここに座れ！」

依然として命令口調だが、私は店内に通された。回答できたので認めてくれたのか、貝類はもちろん、カメノテとミネフジツボにもありつけた。軽く焼いただけなのにおいしかったこと。フジツボの名前をたくさん知っていて、得をした。

残念なことに、この店の入っていた建物は取り壊されてしまったそうだ。でも、おいしい「におい」をたどれば、またどこかで難問を出している店主に再会できる気がする。

5

偉大なる付着生物

フジツボの繁栄の要因は
セメントと接着機構によるところが大きい

グレハム・ウォーカー
（ウェールズ大学「フジツボ生物学」講義ノートより）

桟橋：潮が満ちる高さを教えてくれる付着生物

最終章にあたる本章では、人類とフジツボの付き合いやフジツボ学の最近の動向、そして私が出会ったフジツボな人々について、ごく一部ではあるが、紹介したい。

汚損生物としての歴史

人類がフジツボを「よごす生物」と位置付け、付着をいかに防ぐか工夫してきた歴史は長い。紀元前一二世紀頃に地中海で盛んに海上貿易を行っていたフェニキア人は、すでにフジツボのたぐいを防ぐために銅板を船につけ、古代ギリシャ人は船底にタールとロウを塗っていたという。古代エジプト人も、船底に付いたフジツボをせっせとかき落していた。「汚損《おそん》生物《せいぶつ》」という言葉がある。「よごす生物」という意味だ。フジツボ的にはごく普通の「付く」という生活様式が、船や漁具などヒトと関わる構造物に付くと、呼び方は「付着生物」から「汚損生物」となる。

一個体あたり、ほんの数センチのフジツボだが、集まって船底に付くと小さな凹凸はばかにならないほど表面積をふやし、水中での抵抗を大幅に増す。その結果、燃料費がかさむ。フジツボだらけの船は、何も付いていない時よりもおよそ三〇％も速度が落ちるという。

フジツボ海戦

一九〇五（明治三八）年の日本海海戦前後が時代背景となっている司馬遼太郎の長編小説『坂の上の雲』にも、当時の戦艦にとって船底のカキが悩みの種だったと紹介されている。（船などにフジツボが付着して速力が減退することを俗に「カキがつく」という。）日露戦争中、日本はロシアのバルティック艦隊に勝利を収めた。じつはその勝因に、フジツボが関わっている。

当時のロシアは日本との国力の差が一〇倍近い、大きな脅威であった。「ロシアのバルティック艦隊が日本を攻撃するため出港した。すでに太平洋を北上してきている」という意見が強まるなか、日本艦隊の司令官、東郷平八郎はそのまま対馬で待つ決断をする。「フジツボで速度が遅くなっているはずなので、まだ太平洋には到達していない」と、だいぶ遅い速度で計算したのだった。東郷の予想は当たり、バルティック艦隊は船底にたくさんフジツボを付けたまま日本に到着。本来なら途中で「よごす生物」を取り除くのだが、当時は日英同盟が結ばれていたために、イギリスが統治する港へ寄って船底をきれいにできなかったのだ。ロシアの艦隊はアフリカの喜望峰をぐるりと周り、その距離は地球の半周より長い。その間、いろんな海域のフジツボが付着したことだろう。

対する日本の連合艦隊は、事前にフジツボやカキを取り除き、船底塗料を塗りなおして最高速度がでるようにメンテナンスも完璧だった。戦闘時の時速にして約三・七キロも差があったとされている。

日本の特許第一号

日本海海戦をさかのぼること二〇年、一八八五（明治一八）年に堀田瑞松という人が、船底の防サビ剤とその塗り方についての特許を申請した。これが日本における特許第一号である。その塗料には、ウルシ、鉄粉のほか、海中生物の付着を防ぐ効果を期待して、柿渋、酒精、ショウガ、酢などが混合されていたと記録されている。

付着防止の塗料といえば、成分のトリブチルスズ化合物（ＴＢＴ）が生物への毒性が強いことがわかり、日本は世界に先駆けて一九九〇年代には使用を自粛した。そんな環境に悪い塗料はもう使われていないと思われがちだが、じつはＴＢＴ塗料の製造は世界各地で続けられ、使い続けられてきた。ＴＢＴ入り塗料の利用が国際的に「禁止」になったのは、ようやく二〇〇八年になってからなのだ。これから使えなくなるとあって、環境に優しい防汚塗料の開発が世界的に進められている。それでも付着生物を弱らせる物質がジワジワと染み出すというしくみのものが主流だ。

しかし、最近の開発動向には、海藻やウミウシなどからとれる天然の防汚剤を使い、さらにフジツボが付着するしくみを理解することによって付着防止に応用するというアプローチがある。たとえば、キプリス幼生が歩きにくい表面をつくる。キプリスは付着予定地を吟味するためにトコトコ歩く。キプリスの触角の先の大きさは〇・〇〇三ミリ。それより少し小さい〇・〇〇二ミリの凹凸表面を歩かせてみると、かかとの細い靴では石畳の上を歩きにくいように、キプリスも歩きにくくてヨロヨロしてしまうそうだ。また、キプリスの触角より少しだけ長い凹凸も、底面に届かないため接着できないようだ。サメには付着生物が付きにくいことから、サメ肌をまねた素材もあるらしい。

環境指標生物としてのF

このように「よごす生物」として扱われるフジツボではあるが、じつは環境汚染を調べる指標生物に極めて適している。

英国に六年滞在した私は、フジツボ色の濃い大学を卒業した。一般の英国人にすら「ソレどこ?」と聞かれかねない北ウェールズの小さな町であったが、フジツボ学では世界の中心的な場所であった。なにせ、統計学、生態学、生理学……どんな分野の講義を受けても不思議とフジツボの話がでてくるのであった。後にわかったことに、かつてクリスプ博士というフジツボ研究の権威だった先生が長年フジツボ・プロジェクトを行い、多くの研究者がクリスプ先生の元で、フジツボの様々な機構を研究していたからだった。私の恩師のウォーカー博士とユール博士はその中でもとりわけＦ色が濃い先生であったから、私はしばらくするとすっかりＦの魅力に目覚め、フジツボを使って海洋汚染物質が生物に及ぼす影響を研究した。移動をしないフジツボは、その海域の汚染を調べるのにとても便利な生き物なのだ。しかも、海水に含まれる微量金属の亜鉛、銅、スズ等を体外にほとんど出さず、殻の中のすみっこに小さな粒子にして、せっせとためこむ。こればかりではない。フジツボには汚染の指標生物としてピッタリな条件が、次にあげるように、たくさんある。

- 世界に約一〇〇〇種おり、世界中の海に分布している(他の種と比較できる)
- 大きさがちょうど良い(小さすぎては汚染物質を取り出すのが大変)
- けっこう長生き(そのあいだ汚染物質をためこんでくれている)
- 年中つかまえられる(季節によって「渡り」をしたり、どこかへ行ってしまうと困る)
- 走って逃げたりしない(他の生物は捕まえるのに苦労する)
- 石などにくっついているので運びやすい(フタのついたバケツでよい)
- 実験室でも機嫌良く育ってくれる(すぐ死んでしまう生物は困る)

海洋汚染の指標とするには、方法がいくつかある。海岸で生息しているフジツボ内の汚染

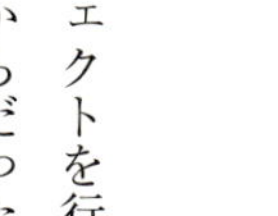

物質を機械で分析したり、実験室で厳重にろ過した海水で育てた同種を比較してみたりする。汚染物質があると少なからず生物の体にはストレスがかかる。ストレスを数値でみる方法として、酸素消費量を測ると生体にたいするストレスを数値で読みとることができる。私は海水を満たした実験装置にフジツボを入れ、装置内の酸素量をグラフにしてくれる装置を使って、フジツボの酸素消費量を計測していた。生体に負荷がかかると代謝があがり、普段より多くの酸素をつかう。様々な濃度の亜鉛で塩分濃度を変化させながら酸素の消費量を測ってみた。すると、塩分濃度が低い場合、少ない汚染物質の量で生体（この場合フジツボ）に影響が出るという傾向をみることができた。（汚染物質無しで塩分濃度だけ変化させる対照実験も事前に行ったが、有意差はなかった。）

ここから示唆されたことは、塩分濃度の変化が大きい河口などの汽《き》水域《すいいき》（川の水と海の水が混ざるところ）では汚染物質の生物に対する影響が表れやすいということだ。ヒトの活動により多量の汚染物質が川から海へと流入している。護岸や人工物に付くフジツボは長期にわたってモニターすれば汚染の良い指標生物になる。香港大学の海洋科学研究所では汚染のバイオモニタリングとしてフジツボを指標として調べたことがあり、同様の実験が世界各地で行われているという。

なお、第4章で食材としてのフジツボを紹介したが、「汚染物質をためこむのなら、食べて大丈夫なの？」と思われるかもしれない。だが、殻の隅に粒子としてためるので、殻ごとすりつぶして毎日のように食べるのでなければ、まず安全といえるだろう。今後、おいしい甲殻類としてますます身近になりそうだ。

七〇〇〇万年前のフジツボ特許

しかしフジツボでもっとも注目されているのは、指標生物としてよりも、「七〇〇〇万年前のフジツボ特許」といえる物質かもしれない。

「フジツボの繁栄の要因は、セメントと接着機構によるところが大きい」

これは、恩師のウォーカー先生の「フジツボ生物学」と名のついた講義シリーズで印象に残っている言葉だ。くっつかないフライパンなどに施されるテフロン加工された表面にだって、フジツボはくっつくことができる。「フジツボ・セメント」は驚異の接着剤だ。水中に液状で出され、ほどなく固まる。この「水中で固まる」という点がすばらしい。私たち人間は水の中でものをくっつけられない。湿り気や表面のちょっとしたヨゴレでさえ、接着力に影響する。フジツボ・セメントの特徴をあげよう。

- 様々なタイプの表面に付く
- 水中で付く

- ヒトの免疫がアタックしない
- バクテリア等に分解されない
- 酸やアルカリに強い
- 高温でも大丈夫

フジツボのセメントには、成体の出すものと幼生の出すものがある。キプリス幼生は第2章で紹介したように付着する場所を探す幼生で、キプリスが「ココに付着しよう」と決めると、目のうしろ側にあるソラマメの形をした器官から二本の触角を通って幼生セメントを出して付着する。固まる前は液状の接着剤だ。付着場所の表面がツルツルかザラザラかによって、微妙に違う接着剤を使い分けるというからすごい。そのため、様々なタイプの表面に付くことができるようだ。このような良いことづくしのセメントを、フジツボは少なくとも七〇〇〇万年前から使っている。セメントには幼生（キプリス）が付着するときにだけ出す幼生セメントと、生涯分泌し続ける成体セメントとがある。

第2章のキプリス画像を提供いただいた秋田県立大学の岡野桂樹博士らは、キプリスのセメント成分を遺伝子レベルで解明し、幼生セメントが固まるしくみを明らかにする研究を行っている。岡野博士らは一ミリにも満たないキプリス幼生を実体顕微鏡の下で解剖する。二本のタングステン線をつかって、セメント腺だけ取り出すのだ。セメントは海水と接するとほどなく固まってしまうので、セメント腺を傷つけないよう素早く行う。まさに匠の技だ。

この、無害で便利なフジツボ・セメントを人工的に製造し、医療用(歯や骨、血管などをくっつけるためなど)や、水中で瞬時にくっつく接着剤として幅広く利用しようと、世界の研究者たちが試行錯誤している。これだけの利点があれば「夢の接着剤」というのも当然だ。だが、人工的にまねるとなると、酸やアルカリに強いという特性が邪魔をして、長らくどのようなタンパク質の組み合わせでできているのか分析することができなかった。近年やっと紙野圭博士たちにより溶かす方法が開発され、さらにフジツボ・セメントを基にしたペプチドを合成したとても強い接着力が確認され、人工フジツボ・セメントの開発に近づいた。フジツボ・セメントが再現できれば、あらゆる技術に応用されることだろう。

日本付着生物学会

こうした付着生物を研究する人たちが集まる場に、会員二三〇名ほどの「日本付着生物学会」という素敵な学会がある。基本的に、イガイ、ホヤ、ヒドラ、コケムシ、サンゴなど固着(動かない)生物を研究対象とする人々が会員だが、一般の人も参加できる。毎年フジツボな研究発表の割合が高いので、ウキウキしてしまう。私はチシマフジツボをイアリングにしていつも身につけているが、それまで私があえて説明しないかぎり、フジツボだと気付く人はいなかった。だが、付着生物学会では、「それはチシマフジツボですね」と会場に入った直後に声をかけてくださった研究者がいた。種の同定までされるとは……さすが、付着生物学会である。

日本には学会創立以前から防汚やフジツボ分類学において世界に誇る学者を輩出してきた歴史がある。近年では、一九九一年から五年間、伏谷伸宏博士が中心となって、その名も「伏谷着生機構プロジェクト」という海洋生物のくっつくしくみを究明する研究プロジェクトが行われ、数多くの研究者が参加した。プロジェクトをきっかけにすっかりフジツボに魅了されてしまったという人も多いそうだ。

とはいえ、フジツボ研究者全体の総数はやはりそんなに多くない。特定の分野やグループに特化して研究していると、その道ではエキスパート。学生さんでも世界にたった数人、もしくは唯一の「〇〇フジツボの研究者」ということだってあり得る。私に最新の研究動向などを教示してくれている人のなかには、そんな学生さんたちも含まれている。

若手F研究者の生態とカイメンF

そんなエキスパート陣のなかのひとり、周藤拓歩氏は彼自身の生態もなかなか興味深い。五年ほど前の付着生物学会で周藤氏は、初対面の私にいきなり「柄が有るフジツボの魅力」

について熱く語りはじめた。あまりに唐突でびっくりし、知識量の多さに感心しつつ、ただただ黙って聞いてしまった。彼が語るフジツボの世界には、地質・分類や系統、蔓脚類の進化にもとづく壮大さがある。周藤さんの表現をそのままの形で紹介したい。

「有柄の蔓脚類は古生代以来一度も海洋付着生物のメジャーグループにならず
それでも中生代には無柄類という一大勢力を生み出すのに成功し
かといって無柄類と交替して姿を消したわけでもなく
現在も様々なニッチに収まって命脈を保っているという……
彼らの歩んできた歴史がとてもドラマチックだと思うのです。
砂浜を歩いていれば、流れ着いた流木にエボシガイがついていて
磯の岩を割れば、カメノテがいて
たまにカメノテの隙間にケハダエボシがいて
——蔓脚類の歴史では、オウムガイ級のレリックですね。
ガザミのお腹を開けると、鰓《えら》にカニエラエボシがついていて
そういう生き様を見る度に、「ああ、お前らまだ頑張れるじゃん」
……と、そんな気持ちになるのです。
カニエラエボシ類には、カニの鰓に付くものと体表に付くものとがいるのですが

カニの体表に付くカニエラエボシ類は、脱皮直前のカニにキプリスが付着し変態せず、カニが脱皮すると脱皮殻に付着していたキプリス幼生がカニに移動し付着し、そこであらためて変態するそうですよ。

いわば宿主をリザーブ(確保)しておくというわけで。すごいですよね。

そのうえ彼らは宿主のカニの次の脱皮までに子孫を残さなければならないわけです。

すごいです。ドラマです……！」

図 44　ナミダチカイメンフジツボ（*Pectinoacasta cancellorum*）.「真っ白な殻が美しい，背板の表面はもっと美しい」のだそうだ．カイメンの中にすむので付着する必要がなく，接着能力を失っている．カイメンがないところでは断固として変態しない．大きさ１センチほど．

そんな周藤氏だが、修士課程で扱っていたのは柄の無い、カイメンに埋没して生きる小さなフジツボの分類だった(図44)。お風呂で体を洗うのに使われるカイメンは動物で(英語でカイメンのことをスポンジと呼ぶ)、カイメンフジツボはカイメンをすみかにしている。周藤氏曰く「謎すぎる」ことが魅了された理由だそうだ。カイメンフジツボもプランクトンなどを蔓脚で集めて食べるので、カイメンの表面から脚を出し入れしなければならない。だが、カイメンが成長すると、脚を出すのに使っている穴をしだいにふさいでしまう。生き埋めにならないように、カイメンフジツボの蔓脚の一部にはギザギザがついていて、カイメンの成長にあわせて少しずつ削って穴を確保するのだそうだ。なぜそんな苦労をしてまでカイメンの中にすむことにこだわるのか？　健気な感じがして、応援したい気分になる。

カイメンフジツボの仲間は五ミリ前後と小さいながら、形も様々で種類が多いわりに系統進化についてはほとんどわかっていなかった。周藤氏は、底引き網などにひっかかったカイメンが捨ててある全国各地の漁港に許可をもらってカイメンの中を丹念に調べ、細密な解剖の結果、数種の日本未記載種と、新種と思われる数種のカイメンフジツボを見つけた。そして遺伝子も調べ、従来の分類と照らし合わせカイメンフジツボ類の進化を検討した。だが、どうしてカイメンにすむようになったのかなど、まだまだ謎は多い。周藤氏は数々あるカイメンフジツボの謎について考え始めると夜も眠れないのだという。

幼生簡易検出キット

その周藤氏が就職したのが、付着生物研究を行う日本の会社である。

フジツボが嫌われる理由に、船の底はもちろんのこと、発電所の冷却水取り込みパイプ、プラスチック製浮きなど、海水に浸っている人工物ならたいていのものにくっつくため、困

っている人が世界中にいることがあげられる。成体を取り除くことは容易ではないので、発電所などでは、たいてい塩素などを流して幼生のうちに処理する。そこで役に立つのが、付着期幼生用の簡易検出キット。付着直前の幼生に強く反応し、それ以外には反応が弱いというからすごい。このキットで幼生が周辺の海に増える時期をピンポイントで知ることができれば、使う塩素も断然に少なくて済み、環境負荷の少ない方法で処理できる。しかも、試料を一滴つけるだけで検出まで約二〇分以内に完了！である。

このキットを開発したのが、周藤氏の就職先だ。この会社の社長、山下桂司博士がこれまたおもしろい。飼育水槽で眺めるフジツボの蔓脚の動きや、クラゲ、ヒドロ虫類の美しさに日々心を震わせながら仕事をしているそうだ。山下博士は付着生物の果てしない可能性を様々な分野で応用しようと考えている。夢の一つは、フジツボの蔓脚運動が人の心を癒すことを、脳の動きを可視化する技術を使って証明すること、だそうだ。

流れ寄るF

さて、こうした付着生物に魅了されている人々の趣味としてほぼ共通するのが、海岸に流れ寄るものを眺めたり拾ったりする楽しみ、ビーチコーミングである。一度その楽しみを知ると、これがなかなかやめられない。風が強い日の翌日などは珍しいものが打ち上がっているので、強風が吹くとちょっとワクワクしてしまうのもビーチコーマーの特徴だ。

漂着物として海岸に打ち上がるＦは、ときに異臭を放っていたりする。だがカメに付いたフジツボやクジラに付くオニフジツボを目にできるのも海岸だ。流れ寄るＦには、エボシガイの仲間が多い。ガラス瓶やプカプカ浮く軽石、イカの甲、モダマ、電球などについて大海原を波にまかせて漂っている。珍しいものとしては、フジツボ自らがボール状の浮きをつくって漂うウキエボシ。クラゲと共に漂うクラゲエボシ。よく目にするのはプラスチック浮きに付いているピンクのアカフジツボたち、コロンと落ちているのは岩からはずれたクロフジツボ……。

知人の林重雄さんはビーチコーミングの達人だ。長年各地の海岸を歩いているので「漂着Ｆ」にも遭遇する機会が多い。以前、葉っぱに付着したアカフジツボの写真を見せてもらった。不安定な葉っぱに付いているものはキプリスのとき良い付着場所が見つからず、体内のお弁当も底を尽いたとき、海面を漂う一枚の葉っぱを見つけたキプリス幼生がギリギリの選択をしたのだろう。小さな漂着物は大海原で漂っていた頃のドラマを伝えてくれる。

移入種問題

そんな波間を漂うフジツボにはロマンを感じるが、その移動にヒトが絡むと、事態は複雑

になる。エルミニアスというフジツボが英国で発見されたのは一九四五年。ダーウィンはオーストラリアの種として記載していた。こんなにも大型船の行き来が増え、ヒッチハイクしたフジツボが急速に分布域を変えることをダーウィンが知ったなら驚くことだろう。

ではどうやって移動したのか？　大型の貨物船が世界中を行き来している。行先で積み荷を降ろすと、軽くなりすぎた船体は不安定になる。安定させるために大量の海水（バラスト水）を積んで帰る。それを帰った先で排出してしまうと「外国の海に生息する海洋生物の幼生入り」の海水を捨てることになるわけだ。近年、バラスト水は沖の水深が深い場所に限ると規制されたようだが、それでも移入種は続々とやってくる。結果、外国にしかいなかった貝類やフジツボが日本で見つかる。同様に、日本の海洋生物も、諸外国に大進出している。

先日も南米パナマ原産のココポーマアカフジツボが日本の海にも外来生物として定着していることが山口寿之博士らによって論文報告された。地域によっては在来種アカフジツボと置き替わりつつあるようだ。遺伝子解析の結果、自然にやってきたのではなく、ヒトの活動によって移入されたことが示唆されている。

偉大なる付着生物

ともあれ、ヒトがフジツボを駆除するために費やした労力や費用の総額は想像を超えるものだろう。だが有機スズ入りの塗料の例にあるように、強引に「駆除」すると副作用がある。イソップ物語の北風と太陽が、どちらが旅人のコートを先に脱がすことができるかを競ったという話と同じで、無理やり吹き飛ばそうとしてもなかなかうまくいかない。非常に長い時間をかけて様々な表面に強固にくっつくように進化してきた生物なのだから、すぐに立ち退くようであれば、とっくの昔に絶滅していることだろう。ぽかぽかした暖かい日差しで旅人を自発的に脱がせた太陽のように、フジツボが付かない方法の開発には、フジツボの生態を知ってフジツボが付きたくない表面を目指すのが近道なのかもしれない。

　フジツボがF的生活のために磨きをかけてきた特性は、ヒトに役立つ技術のヒントを与えてくれそうだ。また、フジツボは〇・五から三ミリ程度の、特大サイズの筋肉の繊維を持っていることでも知られる。ヒトの場合、〇・〇〇一ミリ前後なので、ヒトの筋繊維と比較して五〇〇から三〇〇〇倍という驚異的な太さがある。筋繊維が太ければ行える実験も多く、フジツボは世界中で神経科学、生理学などの研究の発展に大きく役立っている。

　本書の原稿を書いている二〇〇九年はフジツボ学の祖、チャールズ・ダーウィン生誕二〇〇年という記念すべき年にあたる。フジツボのセメント腺という重要な器官を発見したのはダーウィンだった。英国王立協会のロイヤル・メダル賞を受賞し、学術的にフジツボ研究が認められた後、ダーウィンは知人への手紙に謙虚にも「だが私のフジツボ研究は産業などのために応用されることは永遠になさそうだ」と記している。

この点ではダーウィンの予想は完全に外れた。『フジツボ総説』が世に出て一五〇年以上経った現在、外科・歯科治療や水中接着剤への応用という、ダーウィンが想像もしなかった応用分野でフジツボ研究は引き継がれ、日々発展しつづけている。

ヒトがフジツボの生態から学ぶことは尽きないように思う。とにかく地球上に生きてきた時間の長さが違う。アノマロカリスと同じ海にすみ、全生物の九割以上が消えたというペルム紀の大絶滅をも生き抜き、地球規模の様々な場所で多様に進化してきた生物である。じつは生物進化について書かれた『種の起原』の文中には、足りなかったパズルのピースを埋めるかのように、計七か所、複数の章にわたりフジツボが登場する。私は時々、ダーウィンのＦ時代に思いをはせながら、『種の起原』の結びの言葉を思い浮かべてみる。

from so simple a beginning endless forms most beautiful
and most wonderful have been, and are being evolved

（始まりはとても単純なものから、終わりなき形の変化の産物は、
かくも美しく、今この瞬間も進化は続いている）

シンプルな祖先形から、多種多様な形が無限に生み出されてゆく「美」、過去にも、そして現在も脈々と生み出されている進化の道筋の「壮大さ」を表現している有名なフレーズだ。

これは私の勝手な妄想かもしれないが、

……*endless forms most beautiful*（多様な形の美）

というくだりを書いたとき、ダーウィンは美しいフジツボたちを思い浮かべていたのではなかろうか。なんといっても、ダーウィンが進化を確信し、多様性を体感したのは、他ならぬ「愛しのフジツボたち」だったのだから。

あとがき

小さいころから、蟲のたぐいは好きだった。おそらく、幼少期に両親と数年間過ごしたオランダのハーグという街での体験がきっかけだ。通っていたアメリカンスクールはスケベニンゲンという名の海岸に近く、よく海藻の下に隠れているヨコエビをつかまえて遊んだ。毎週土曜日に補習が開かれていた日本大使館の庭がこれまたヘンな生き物の宝庫で、大きなミミズや一五センチのものさしで測りきれないサイズのナメクジがいたり、触るとてっぺんからもわっと煙がでるバレーボール大のキノコ（オニフスベの仲間）が生えていたりした。

大学時代は英国で海洋生物学を学んだ。もっぱらセボネのない小さめの海洋生物を扱った。フジツボはもとより、一風変わったテーマの連続講義が多かった。イガイ（ムール貝）が専門のＲ・シード博士によるその名も「ムール貝生物学」や、Ｒ・Ｎ・ヒューズ博士による「無脊椎生物の生態学」などだった。講義をする教授たちの実像は驚くほど慎ましく、誰にでもわかりやすい表現で、（おそらく同じ講義を何度もしているのに）いつもワクワクしながら講義する先生方が印象的だった。ワクワクは学生に伝播するもので、私もいつしか海の無脊椎生物に夢中になっていた。下宿先に海水水槽を設置し、ウニ、イソギンチャク、ムール貝、ヒトデ、そしてフジツボなど、講義に登場するセボネのない生物を磯でつかまえては飼育していた。いろいろな分類群を比較すると、それぞれの生物の特徴が浮き彫りになる。そのなかで、私はいつしかフジツボに心を奪われていた。

甲殻類なのに付着生活を送るフジツボは、教材として適している。本書の巻頭にフジツボ図鑑、巻末の付録に「足まねき」とノープリウス幼生の観察方法を紹介しているので、ぜひフジツボに会いに行ってほしい。フジツボは人工物にも付着しているが、せっかくなら岩礁などで他の生物と関わりながら生息する様子を見てほしい。

だが、自然の磯は生物がいろいろな工夫をこらして生息しているありのままの環境なので、ヒトにとって必ずしも歩きやすくはない。岩にはたいてい藻が生えていたりして、ツルっとすべりやすい。だから磯に行くときは、濡れてもいい靴と軍手が必需品。海水浴のついでのサンダル履きですべってフジツボで足を切っても、藻やフジツボのせいにしてはいけない。その藻がエビや巻き貝の餌になり、岩礁は生き物の宝庫になるのだ。

近年、人工ビーチや人工干潟が「海の再生」「環境にやさしい」とうたわれることがある。私は、ある人工ビーチを歩いたときの寒々とした光景が頭からはなれない。砂は南国のように白っぽくきれいなのだが、生き物の気配がまったくしない。シーンと静まりかえっていて、たとえようもない気味悪さがただよっていた。自然の海岸には、砂や泥の中にもぐっていて姿は見えなくても、生き物の息吹がある。悲しいことに、日本の自然の海岸線は九割以上がすでに失われている。それでもまだ、いろいろな名目で埋め立てられ続けているのが現状だ。人工ビーチは、フタをあければ大型公共事業でしかない場合が多い。生き物がすみついたように思えるのは束の間で、もともと砂浜ではなかった場所に砂をいれても次第に砂は流されてしまう。白くきれいな海岸を維持するのに、巨額な維持費がかかることはあまり知られていない。複雑に作用しあう生態系と同等なものは、人間の手では再現できない。人工の海岸しか歩いたことがない子どもは、海とはそういうものだと思ってしまうだろう。そういう場所を「海」という思い出の箱にしまう子どもは、かわいそうだ。

　私は子どものころ、虫にさされたり、化石を割ろうとしてタガネで怪我をしたり、カニに挟まれて指に血がにじんだりしたが、虫も化石も海の生物も嫌いにはならなかった。むしろ、そういう経験を通じて次第に自然に対する畏敬の念がわいてきた。五感で感じる磯での思い出は、多少のすり傷切り傷をつくってでも得る価値があるものだと思う。

　この本が出版される運びになったのは岩波書店の塩田春香さんのおかげである。一般向けの本にフジツボを選ぶなんて、さすがはあの『クマムシ?!』や『ハダカデバネズミ』の編集者だ。実像があまり知られていないフジツボという生き物を紹介できるありがたい機会をいただいた。最初にお話をいただいてからはや数年が経過していながら、フジツボに対する想いだけがふくらんで、なかなか原稿という形にならない状況の私を見捨てずに応援いただいたこと、感謝してもしきれない。岩波書店ホームページの本書の紹介欄には、フジツボを扱う研究室や幼生の動画が見られるホームページへのリンク、水族館の情報や、かんたんな実験などを載せておいた。ぜひ参照してほしい。

岩波書店本書紹介ＵＲＬ　http://www.iwanami.co.jp/moreinfo/0074990/

また、フジツボについてもっと詳しく勉強したい人におすすめの本として、『フジツボ類の最新学――知られざる固着性甲殻類と人とのかかわり』(日本付着生物学会編、恒星社厚生閣、二〇〇六)がある。この本は、内容は上級編だが、フジツボ研究の動向や詳しいフジツボ類の分類および鑑定の手引きが載っている。

本書の準備段階では、山口寿之先生に、度重なる確認や質問にお忙しいなか丁寧にお答えいただいた。加戸隆介先生には、素晴らしく精巧なペーパークラフトを本書の巻末に転載することをお許しいただいた。楽しくフジツボの体のつくりを理解する最高の教材なので、ぜ

ひっくってみてほしい。周藤拓歩氏には、興味深い論文の紹介や幅広い助言をいただいた。日本動物学会事務局の永井裕子氏の励ましには度々勇気づけられた。岡野桂樹先生、松村清隆博士、コペンハーゲンのヘーグ博士、台湾のベニー・チャン博士、その他大勢の方に貴重な画像や話題をご提供いただいた。巻頭の図鑑の挿絵は私の母、朋子に依頼した。普段描き慣れないフジツボというモチーフにもかかわらず丁寧に描いてくれたことに感謝している。夫の滋にも感謝でいっぱいだ。数多くの方々との出会いと、あたたかいご協力のおかげでこの本を完成することができた、お礼を申し上げたい。

私の心にキプリス幼生が泳ぎつき、逆立ちし、変態し、小さな「足まねき」をはじめたのは、かれこれ一七年前。興味深いこの生物は殻の中で何度も脱皮し、随分と大きくなった。付着しているのは、心の要《かなめ》の部分。これまで、たくさんのステキな出会いをまねきよせてくれた。きっとこれからもずっと……。

二〇〇九年五月

倉谷うらら

付録 フジツボを観察《かんさつ》しよう

フジツボをじっくり眺《なが》めてみてほしい。ルーペや実体顕微鏡《じったいけんびきょう》があると、なお楽しい。

海辺《うみべ》に出る前には、しっかり情報収集《じょうほうしゅうしゅう》を。潮《しお》の満《み》ちひきは日によって時間がちがう。天気予《よ》報《ほう》と干潮《かんちょう》の時間はしっかりチェック。潮がひきはじめる一時間前にはつき、潮がもどりはじめる前には帰るようにしたい。

ついうっとり見とれてしまうので、夏は帽子《ぼうし》と水分補給《ほきゅう》をわすれずに。

「足まねき」を見るには

名前を調べる前に、まずは蔓脚《まんきゃく》の動きをじっくり見てみよう。はやく動かしたり、くるりと向きを変《か》えながら動かしたり。フジツボは蔓脚でプランクトンをつかまえて食べ、同時に殻《から》の中の海水を入れかえて息をしている。そのため「足まねき」は、まわりの状況《じょうきょう》をよく反映《はんえい》する。

小さい石や貝などについている生きたフジツボたちを見つけ、透明《とうめい》な容器(野外ではプラスチックがよい)に入れて海水をそそぎ、しずかに待つ。ほどなく、フジツボたちは殻からフサフサとした蔓脚を出し、「足まねき」をはじめる。ダーウィンも絶賛《ぜっさん》する美しいすがただ。

持ち物

長ぐつか，ぬれてもよくすべりにくいくつ，軍手《ぐんて》．サンダルはぜったいに×．

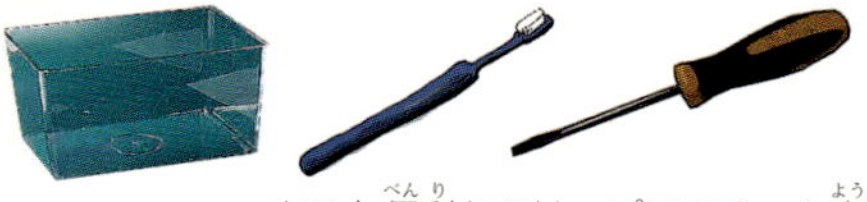

あると便利《べんり》なのは，プラスチック容《よう》器《き》，採取《さいしゅ》用のマイナスドライバー，そうじ用の歯ブラシ，ルーペなど．

イワフジツボのなかまの「足まねき」

© Derek Haslam 氏

フジツボは死んでしまうと，人さし指の右のもののように蓋板《がいばん》が取れて火山の噴火口《ふんかこう》のように見える．

カメノテは，岩のすき間にいることが多い。
有柄目《ゆうへいもく》の「足まねき」は，ややゆっくりめ．

もっと観察・準備《じゅんび》

石などについたフジツボを持ち帰る。人工海水を用意し（素《もと》が市販《しはん》）、エサとなるブラインシュリンプ（熱帯魚《ねったいぎょ》店などで乾燥卵《かんそうらん》が市販）を二日前くらいに孵化《ふか》させておく。

もっと観察・実験《じっけん》

一匹《いっぴき》のフジツボをえらび、一分あたり何回「足まねき」をするか数えてみよう。ふつうのとき、エサを入れたとき、塩分《えんぶん》濃度《のうど》や水温を変えてみたとき、「足まねき」はどう変化《へんか》するだろうか？　たくさんのフジツボが蔓脚を動かしはじめたら、食紅《しょくべに》を少したらしてみよう。海水の動きが観察できる。

ノープリウス幼生を見るには

フジツボの子は海を泳ぐ。プランクトンネットをひいて探《さが》すこともできるが、手軽なやりかたを紹介《しょうかい》しよう。

フジツボを岩などからはがして卵塊《らんかい》(卵の集まり)を容器にうつし、海水をそそいでおく。やがて幼生が孵化し、泳ぎだす様子が見られる。ポイントは成熟《せいじゅく》した卵を持った個体を見つけること。成熟卵の色は暗い褐色《かっしょく》をしている。

断面図《だんめんず》

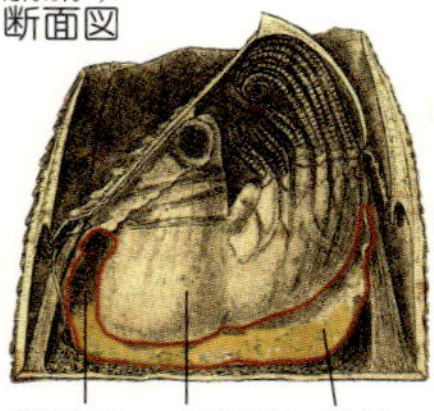

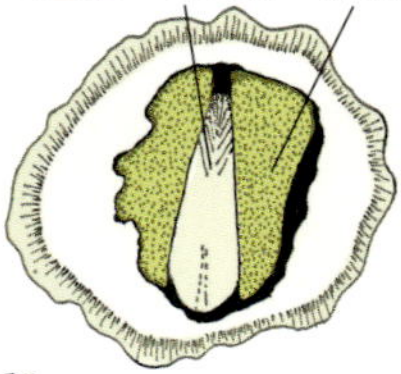

底《そこ》から見たところ

生まれたばかりの
ノープリウス幼生
(タテジマフジツボ)

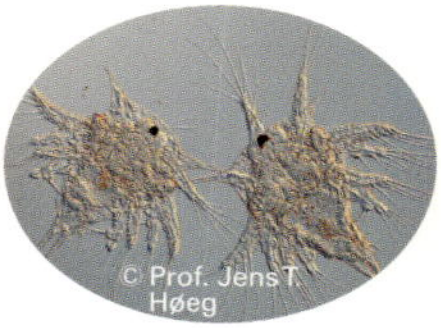

生まれて数日後の
ノープリウス幼生
(ヨーロッパフジツボ)

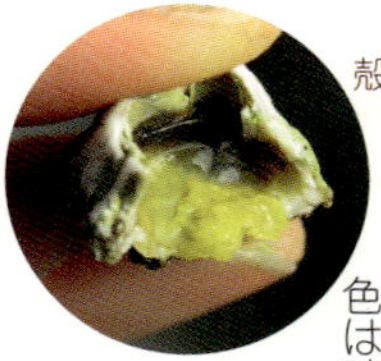

殻を半分にわったところ
(イワフジツボ，黄色が卵塊)

孵化を期待できる時期と種類《しゅるい》

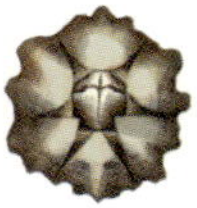

イワフジツボ
さがす場所：岩
時期：真冬をのぞく周年

タテジマフジツボ
さがす場所：岩，護岸《ごがん》
時期：春から秋

シロスジフジツボ
さがす場所：岩，護岸，くい
時期：春から秋

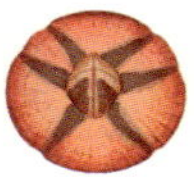

アカフジツボ
さがす場所：漁村《ぎょそん》などで海からあげた直後のうき(漁村の人にことわってからとること)　時期：春から秋

フジツボの殻で工作しよう！

殻がよごれていたら、歯ブラシでみがき、うすめた漂白剤液《ひょうはくざいえき》に一晩《ひとばん》つけるとニオイもとれる。殻をねん土にさかさにとめて、裏《うら》から接着剤《せっちゃくざい》（ホットボンドが便利）を殻の中に満たしてかためる。底が石灰質《せっかいしつ》のフジツボは底を少しわる。あとはネクタイピンやネックレスなどの金具につければ、フジツボ・アクセサリーのできあがり！

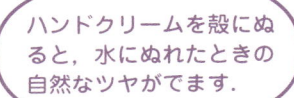

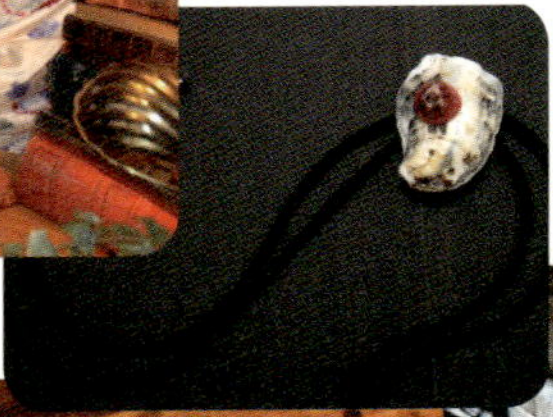

ハンドクリームを殻にぬると，水にぬれたときの自然なツヤがでます．

ループタイ（アカF），スカーフどめ（シナハマグリについたタテジマF），イアリング（チシマF），帯《おび》どめ（カメF），かんざし（チシマFとピコロコの背板《はいばん》，アカF）など．

フジツボをつくろう!

組み立てながら、フジツボの体のつくりや部分名称を理解しよう。

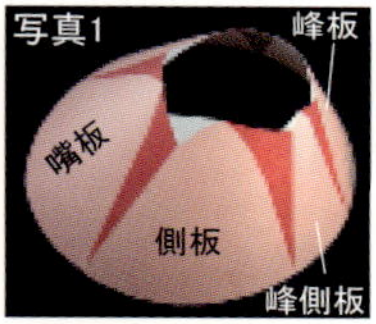

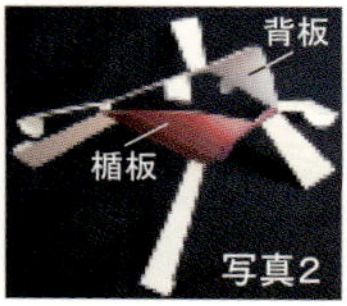

1．周殻の組み立て(写真 1)

1）6 枚の周殻(R：嘴板，L：側板，CL：峰側板，C：峰板)を切りぬく．

2）各殻板の底辺を合わせながら，輻部(r)と翼部(a)が重なるようにのりづけする(輻部が上になるようにはり合わせる)．前から R・左 L・右 L・左 CL・右 CL・C の順序をまちがわないように．

2．蓋板の組み立て(写真 2)

1）左右の蓋板(S：楯板，T：背板)を切りはなさないように，筋肉(前側下掣筋，側下掣筋，後側下掣筋)もふくめて，ていねいに切りぬく．

2）楯板と背板の境界線を山おりにする．

3）背板後方の突起(★)にのりをつけて，左右の背板を連結する．

4）懸垂筋と楯板の境を内側に山おりにしておく．

5）懸垂筋の先端の実線部で山おりにしておく．

3．頭胸部の組み立て(写真 3)

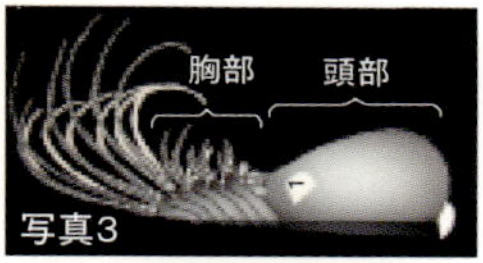

1）頭胸部(H：頭部，Th：胸部)を注意しててていねいに切りぬく．

2）胸肢(蔓脚：C1 ～ C6)は長い 3 対(捕獲用蔓脚：C4 ～ C6 の 6 本)と短い 3 対(顎脚：C1 ～ C3 の 6 本)をひとまとめにして切りぬく(1 本ずつ切りぬくとさらにリアルです)．

3）中央の背中の 2 本の実線部分(↓)で山おりにする．

4）雄性生殖器基部(白ぬき部：▲)を山おりにして，第 6 蔓脚(C6)の基部の内側にはりつける(写真 4)．

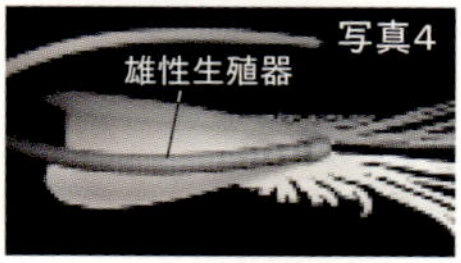

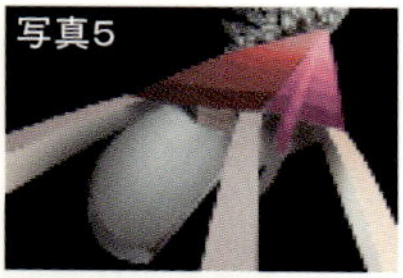

4．蓋板と頭胸部の連結(写真 5)

1）写真 5 を参考にしながら，懸垂筋の表側先端にのりをつけ，体をななめにした状態で頭部(白ぬき部 1 と 2)にはりつける．

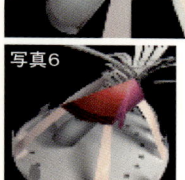

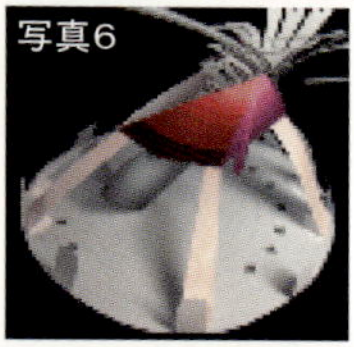

5．蓋板と殻底の連結(写真 6)

1）殻底を，のりしろをつけたまま，切りぬく．のりしろは谷おりに 90 度曲げておく．

2）写真 6 を参考にしながら，6 本の下掣筋の先端を山おりにしてのりをつけ，殻底の所定の位置(白ぬき部 3 ～ 8)にはりつける(前後をまちがえないように要注意)．

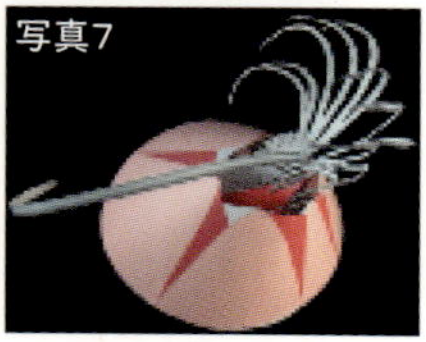

6．仕上げ(写真 7)

1）周殻を殻底にかぶせる(前後をまちがえないように要注意：蔓脚は背板側に位置します)．

2）のりしろが周殻の内側に位置するように組み立てる(内部構造を見ることができるように，のりづけしないでおきます．内部を見ない場合はのりづけしてもかまいません)．

3）顎脚用蔓脚はやや内側に曲げる(1 本ずつ切りぬいた場合は，12 本の蔓脚が，おうぎ状に開いたようにすると，リアルです)．

4）雄性生殖器(Penis)は嘴板の方にカールさせると，交尾相手をさがしている状態になります．

Designed by Ryusuke Kado, School of Marine Biosciences, Kitasato University, Sanriku, Ofunato, Iwate, 022-0101, Japan

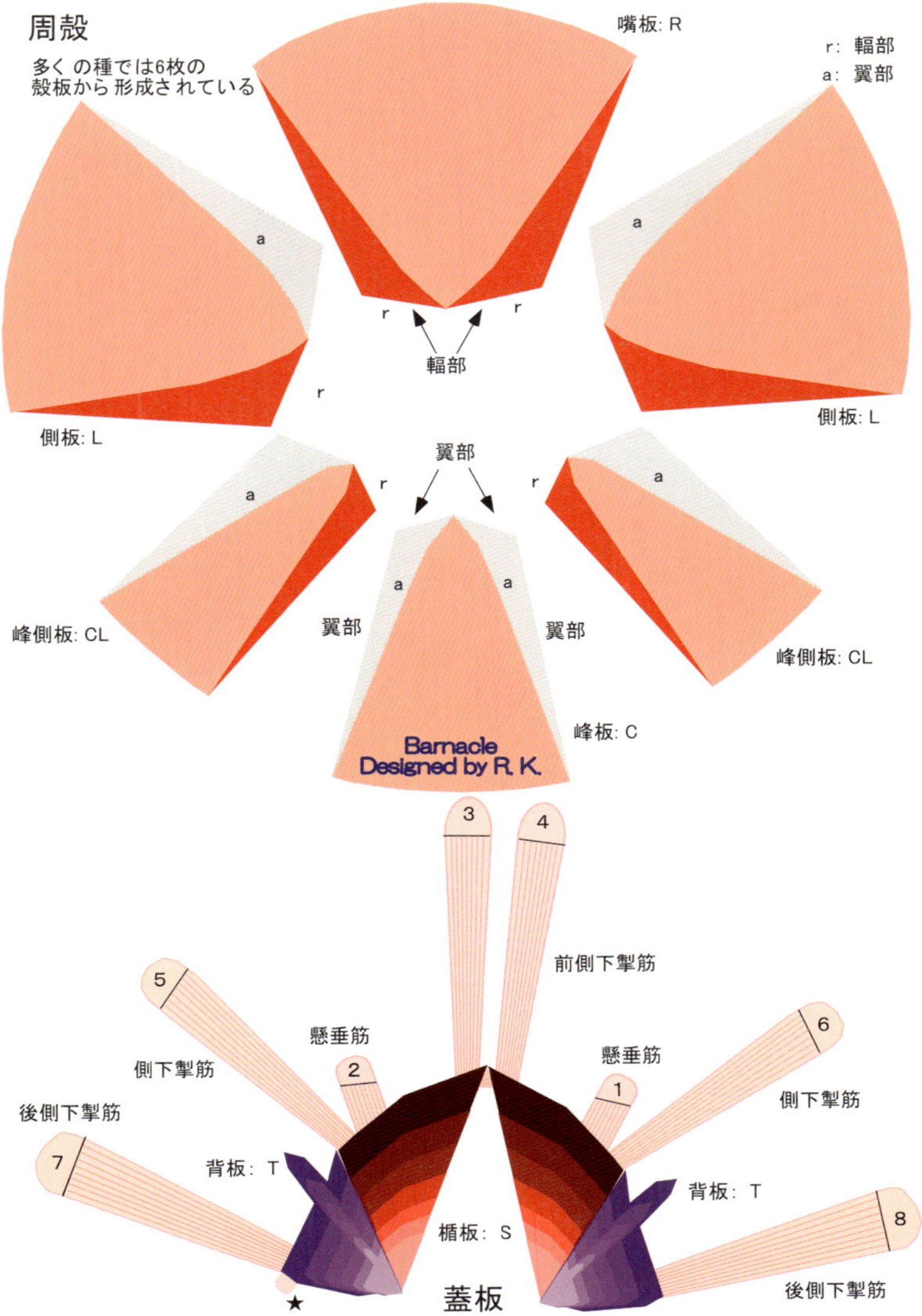

Designed by Ryusuke Kado, School of Marine Biosciences, Kitasato University,
Sanriku, Ofunato, Iwate, 022-0101, Japan

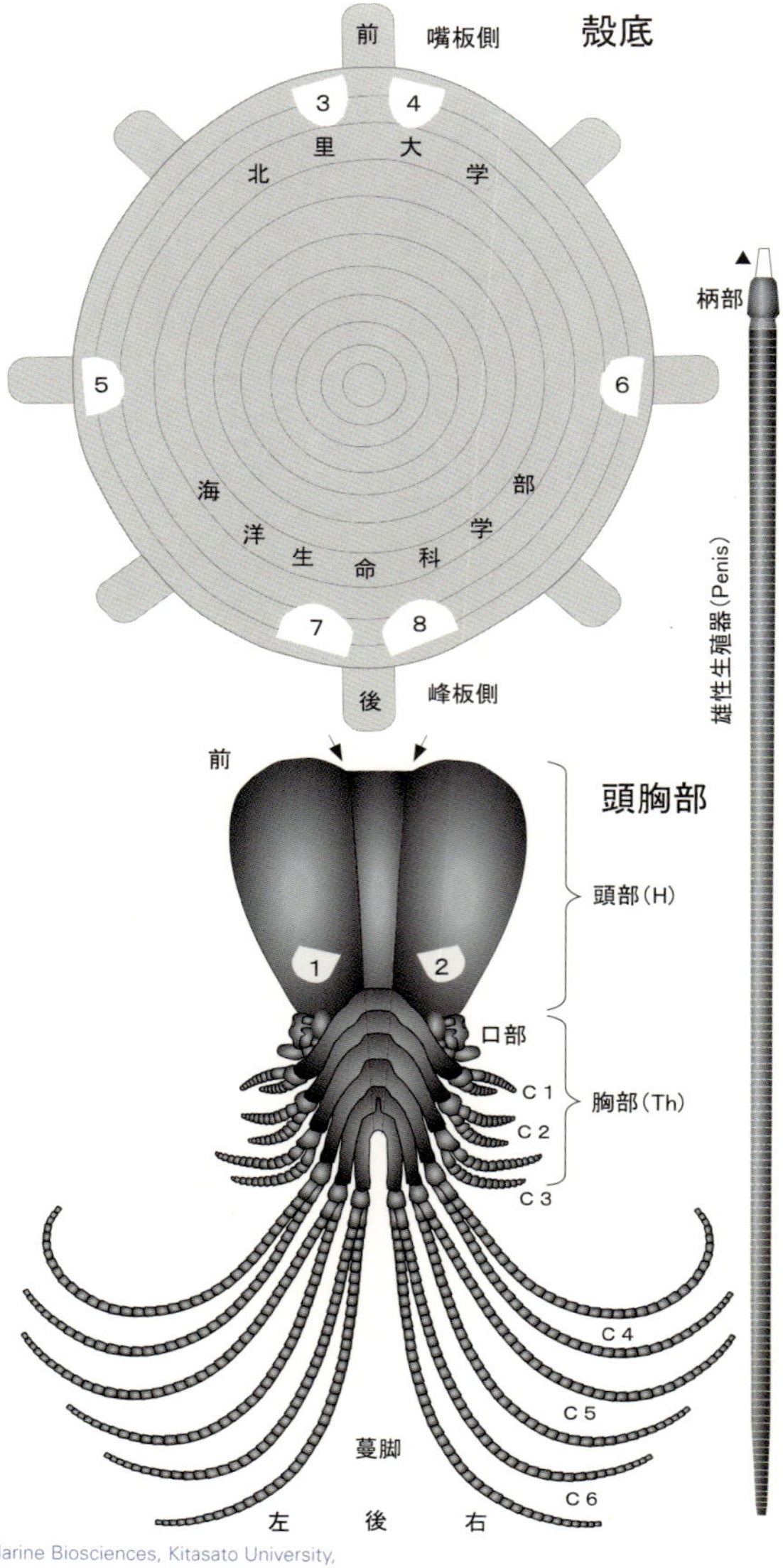

拡大コピーをして、組み立ててみよう。岩波書店ホームページの本書紹介欄《らん》から、この型紙がダウンロードできるホームページにリンクをしている。

Designed by Ryusuke Kado, School of Marine Biosciences, Kitasato University, Sanriku, Ofunato, Iwate, 022-0101, Japan

倉谷うらら

愛知県生まれ．ウェールズ大学バンガー校海洋科学学部海洋生物学科卒業，同大学博士課程中退．東京大学三崎臨海実験所での実験補佐，日本動物学会の職員を経て，海洋生物研究家．所属団体は，日本付着生物学会，日本古生物学会，日本湿地ネットワーク，海の生き物を守る会．10代の頃，よく干潟で渡り鳥を眺めていたが，ある日を境に鳥が食べている泥の中の生物(ゴカイやカニ)が気になりはじめる．その頃，レイチェル・カーソンの『沈黙の春』に影響され，環境汚染にも関心をもつ．海洋生物学を学んだ英国で，フジツボにすっかり魅了される．趣味は，泥だらけになって干潟の生物観察にいそしむこと，フジツボ関連グッズ(博物画，古書，化石など)の蒐集．

岩波科学ライブラリー 159 〈生きもの〉
フジツボ 魅惑の足まねき

2009年6月24日 第1刷発行
2015年9月4日 第5刷発行

著　者　倉谷《くらたに》うらら

発行者　岡本 厚

発行所　株式会社 岩波書店
〒101-8002 東京都千代田区一ツ橋 2-5-5
電話案内 03-5210-4000
http://www.iwanami.co.jp/

印刷 製本・法令印刷　カバー・半七印刷

ISBN978-4-00-007499-5　Printed in Japan

科学ジャーナリスト賞 2009　受賞！

岩波科学ライブラリー 151〈生きもの〉

ハダカデバネズミ

女王・兵隊・ふとん係

吉田重人・岡ノ谷一夫

ひどい名前，キョーレツな姿，女王君臨の階級社会．動物園で人気急上昇中の珍獣・ハダカデバネズミと，その動物で一旗あげようともくろんだ研究者たちの，「こんなくらしもあったのか」的ミラクルワールド．なぜ裸なの？　女王は幸せ？　ふとん係って何ですか？　人気イラストレーター・べつやくれい氏のキュートなイラストも必見！

B6 判並製　126 頁　本体 1500 円

静かなブームを巻き起こしたミラクル生物

岩波科学ライブラリー 122

クマムシ?!　小さな怪物

鈴木　忠

乾燥すると樽型に変身．真空，高温，高圧，放射線にも耐え，レンジでチンしても平気．不死身伝説に満ちた身近な微小生物，クマムシ．その真相やいかに？　研究の歴史や，試行錯誤で飼育する笑いと苦労の物語など，生物研究のオモシロさ満載！　観察方法，ファン必見の超レア物図版も多数掲載！　日本初のクマムシ本，ついに誕生．

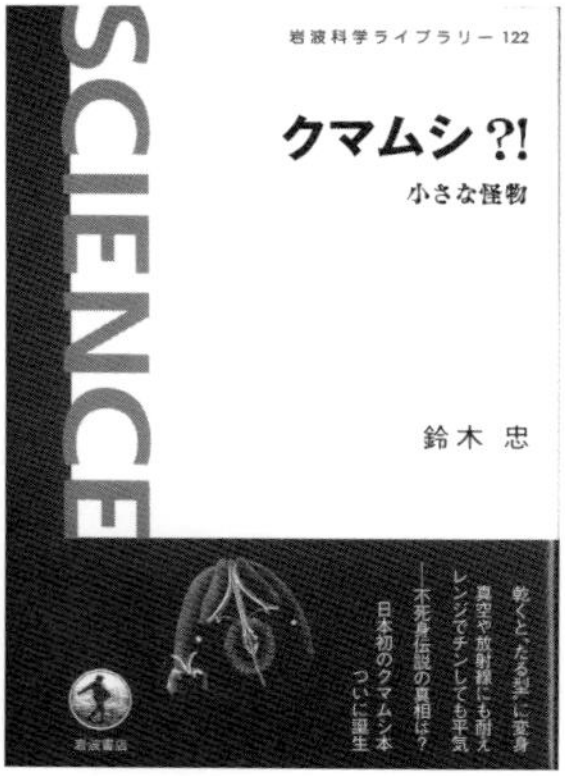

B6 判並製　134 頁　本体 1400 円

岩波書店刊　定価は表示価格に消費税が加算されます
2015 年 8 月現在